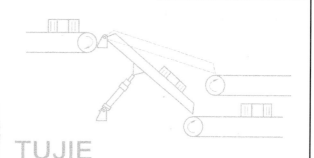

李丽霞　唐春霞　主编

图解

TUJIE

DIANQI QIDONG JISHU JICHU

电气气动技术基础

U0376484

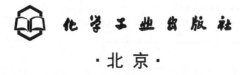

化学工业出版社

·北京·

本书采用图解的形式，用生动的语言由浅入深地介绍了气动维修技能与气动系统组成及气动元件的外观、工作原理和内部结构等气动技术基础知识，阐述了气动元件、气动回路、气动系统的故障分析和排除，重点讲解了一般气动系统及电气气动逻辑系统的设计方法。

本书编写过程中，旨在以通俗、直接有效的方式帮助广大读者理解和掌握气动技术及其应用方面的知识，力求贯彻少而精和理论联系实际的原则。

本书适合从事气动维修工作的各类机电工程专业人员阅读，也可供职业技术院校机械相关专业师生参考，还可供培训机构作为培训教材使用。

图书在版编目（CIP）数据

图解电气气动技术基础/李丽霞，唐春霞主编. —北京：化学工业出版社，2017.4（2023.6重印）
ISBN 978-7-122-29096-0

Ⅰ.①图…　Ⅱ.①李…②唐…　Ⅲ.①气动控制器-图解　Ⅳ.①TM571.3-64

中国版本图书馆 CIP 数据核字（2017）第 029946 号

责任编辑：黄　滢　　　　　　　　　　文字编辑：张燕文
责任校对：王　静　　　　　　　　　　装帧设计：刘丽华

出版发行：化学工业出版社（北京市东城区青年湖南街 13 号　邮政编码 100011）
印　　装：北京虎彩文化传播有限公司
787mm×1092mm　1/16　印张 11¼　字数 295 千字　2023 年 6 月北京第 1 版第 7 次印刷

购书咨询：010-64518888　　　　　　售后服务：010-64518899
网　　址：http://www.cip.com.cn
凡购买本书，如有缺损质量问题，本社销售中心负责调换。

定　　价：45.00 元

前言

　　液压与气压技术是机电一体化人才所应掌握的控制与伺服驱动技术的组成部分。气动技术更是生产过程自动化和机械化的有效手段之一，由于气动技术具有无污染、高效节能、结构简单、安全可靠等优点，目前广泛应用在各行各业，如机器人制造、微电子、原子能、生物工程、医药等领域。气动技术学习的任务是使各种专业技术人员掌握气压传动的基础知识，掌握气动元件的工作原理、特点、应用和选用方法，熟悉各类气动基本回路的功用、组成和应用场合，了解国内外先进技术成果在机械设备及自动生产线中的应用，以便更好地保证气动设备的正常运行。

　　本书采用图解的形式，用生动的语言由浅入深地介绍了气动维修技能、气动系统组成及各部件的工作原理，介绍了气动元件的外观和内部结构等气动技术基础知识，介绍了气动元件、气动基本回路、气动常用回路以及气动系统中常用元件的故障分析和排除，重点讲解了气动及电气气动逻辑系统的设计方法。

　　本书旨在以通俗、直接有效的方式帮助广大读者理解和掌握气动技术及其应用方面的知识，力求贯彻少而精和理论联系实际的原则，更好地满足气动维修工作的需要和各类机电工程专业的读者的需求。本书有如下一些写作特点。

　　① 气动基础知识　用实际应用中的典型实例引出气动系统的组成和基本概念，使初学者能理解并建立起气动系统的概念。

　　② 元件　主要介绍常用元件工作原理、常见故障诊断与维修，能使读者很快地掌握气动维修基本知识和操作技能。

　　③ 回路　主要分类介绍气动基本回路的组成、工作原理，使读者能够逐步把气动技术知识和技能有机结合起来，掌握回路设计技巧。

　　④ 系统　主要介绍气动逻辑系统设计方法、电气气动逻辑系统设计方法，让读者有章可循地掌握逻辑系统设计技巧，以求缩短工程设计人员设计周期，提高系统设计的正确率，并能正确调试和维修保养气动系统。

　　⑤ 典型实例训练　重在实际应用实例分析与气动专用设备操作技巧，使气动维修技术人员具备气动系统设计能力，具备系统组接、调试、排查故障等能力及基本操作安全知识，并能正确运用，安全工作。

　　全书包括5章，由李丽霞、唐春霞主编并统稿。参加本书编写的有李丽霞、王勤峰、王二敏（第1、第2章），陈庆华、马前帅（第3章），何敏禄、张晓光（第4章），唐春霞、李丽霞（第5章）。感谢王玉芳、张燕、苗红宇、张健等为本书出版提供的帮助。

　　本书可作为大中专院校机电一体化、自动化、机械制造等专业的教材或参考用书，也可作为成人高校、自学考试等有关机械类学生参考用书，还可作为企业初、中级工程技术人员的参考书。

　　限于水平，书中难免存在疏漏之处，恳请广大读者批评指正。

编　者

目录

第 3 章　气动基本回路和常用回路　⑥⑨

第4章　气动逻辑控制系统设计　　(94)

第5章　电气气动控制系统设计　133

附录　170

参考文献　172

第1章

气动技术基础

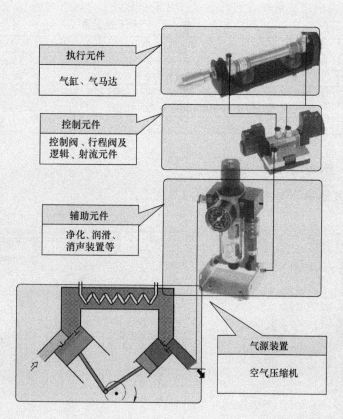

执行元件

气缸、气马达

控制元件

控制阀、行程阀及
逻辑、射流元件

辅助元件

净化、润滑、
消声装置等

气源装置

空气压缩机

本章重点内容

- 了解气动系统分类
- 了解气动系统的结构及各部分的典型元件名称
- 了解气动系统应用领域
- 熟悉气动系统的特点

1.1 气动技术概述

1.1.1 气动系统组成及对应典型元件

　　气动（气压传动）系统是一种能量转换系统，其工作原理是将原动机输出的机械能转变为空气的压力能，利用管路、各种控制阀及辅助元件将压力能传送到执行元件，再转换成机械能，从而完成直线运动或回转运动，并对外做功。气动系统组成见表1-1。

表 1-1　气动系统组成

系统组成	工作原理、作用	典型元件
气源装置	为系统提供符合质量要求的压缩空气	压缩空气发生、储存、净化装置
执行元件	将气体压力能转换成机械能并完成对外做功	气缸、气马达
控制元件	控制气体压力、流量及运动方向的元件，感测、转换、处理气动信号，能完成一定逻辑功能的元件	各种阀类、气动逻辑元件、气动传感器及信号处理装置
辅助元件	气动系统的辅助元件	消声器、管道、接头、过滤器、油雾器

1.1.2 气动系统构成

　　（1）气动系统基本构成　　如图1-1所示。

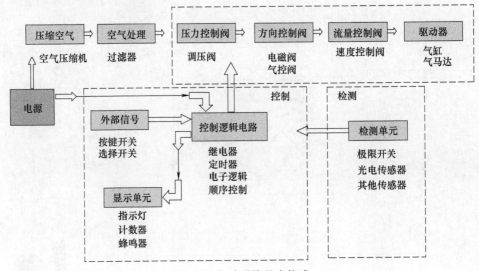

图 1-1　气动系统基本构成

　　（2）气动系统结构及气动信号流动方向　　如图1-2所示。

1.1.3 气动系统分类

　　按对控制元件的选用，气动系统分类如图1-3所示。

1.1.4 气动技术应用及发展趋势

　　（1）气动技术在工业中的应用　　气动技术用于简单的机械操作中已有相当长的时间了，最近几年随着气动自动化技术的发展，用气动自动化控制技术实现生产过程自动化，是工业自动化的一种重要技术手段，也是一种低成本自动化技术。气动技术在工业中的应用见表1-2。

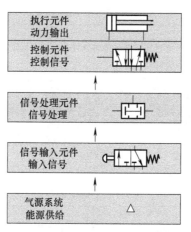

图 1-2 气动系统结构及信号流动方向

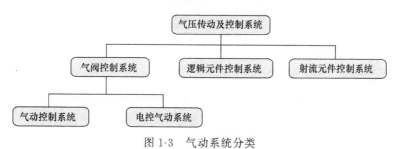

图 1-3 气动系统分类

表 1-2 气动技术在工业中的应用

应用范围		工业应用实例
气动技术	物料输送装置	夹紧、传送、定位、定向、物料流分配
	一般应用	包装、填充、测量、锁紧、轴的驱动、物料输送、零件转向及翻转、零件分拣、元件堆垛、元件冲压或模压标记、门控制
	物料加工	钻削、车削、铣削、锯削、磨削、光整
气动系统	自动装卸生产	
	气动机械手	

（2）气动技术的发展趋势 见表 1-3。

表 1-3 气动技术的发展趋势

气动技术发展趋势	气动系统特点及应用	气动元件具体发展方向
模块化、集成化	具有单独元件组合能力	元件从单元功能性向多功能系统、通用化模块发展
	各种不同大小的控制器、不同功率的控制元件都具有随意组合性	具有向上或向下兼容性
功能增强、体积缩小、元件微型化和系列化	微型气动元件用于精密机械加工、电子制造、制药、医疗技术、包装技术	气缸直径小于 2.5mm，气阀和辅助元件宽度小于 10mm
智能气动	智能气动是指具有集成微处理器，并具有处理指令和程序控制功能的元件和单元	最典型的智能气动是内置可编程控制器的阀岛、以阀岛和现场总线技术的结合实现的气电一体化

1.1.5 气动技术特点

（1）气压传动的优点 见表 1-4。

表1-4 气压传动的优点

获取	空气是取之不尽用之不竭的
输送	空气通过管道容易传输,可集中供气,远距离输送
存储	压缩空气可以存储在储气罐中
温度	压缩空气对温度的变化不敏感,从而保证运行稳定
防爆	压缩空气没有爆炸及着火的危险
洁净	无油润滑的排气干净,通过管路及元件排除的气体不会污染空气
元件	气动元件结构简单,价格相对较低
过载安全	气动工具和执行元件超载可停止不动,而无其他危害

（2）气压传动的缺点 见表1-5。

表1-5 气压传动的缺点

处理	压缩空气需要有良好的处理,不能有灰尘和湿气
可压缩性	由于压缩空气的可压缩性,执行机构不易获得均匀恒定的运动速度
输出力要求	只有在一定的推力要求下,采用气动技术才比较经济,在正常工作压力下(0.6～0.7MPa)按照一定的行程和速度,输出力为40000～50000N
噪声	排气噪声较大,但随着噪声吸收材料及消声器的发展,此问题已得到解决

1.1.6 气动技术与其他传动技术的比较

空气的可压缩性大大限制了气动技术的应用,当需要很大力或连续大量消耗压缩空气时,成本也是一个制约气动技术应用的因素。表1-6列出了气动技术与其他形式的传动技术应用的比较。

表1-6 气动技术与电气、液压技术应用的比较

应用项目	电气技术	液压技术	气动技术
能量的产生	主要是水力、火力和核能发电站	液压泵用电动机驱动(很少用内燃机驱动),根据所需压力和流量选择类型	空气压缩机由电动机和内燃机驱动,根据所需压力和容量选择压缩机类型
能量的存储	只能存储很少的能量(电池、蓄电池),能量存储很困难且复杂	仅在存储少量能源时比较经济,能量存储能力有限,需要压缩气体作为辅助介质	存储的能量可以驱动气缸,能大量存储能量,是非常经济的存储方式
能量输送	容易实现远距离能量传送	可通过管道输送,输送距离1000m,有压力损失	较易通过管道输送,输送距离1000m,有压力损失
泄漏	导电体与其他导电物体接触时,有能量损失,高压时有生命危险	有能量损失,油液泄漏有污染,会造成危险事故	压缩空气排放到空气中,有能量损失,无其他危害
产生能量成本	成本最低		与其他两种系统动力相比,产生气动能的成本较高,且随压缩机类型和使用效率而变化
环境影响	绝缘性能较好时,对温度变化不敏感,在易燃易爆区需增加保护措施	对温度变化敏感,油液泄漏易燃	压缩空气对温度变化不敏感,无着火和易爆危险,在湿度大、流速快的低温环境中,气体中的冷凝水易结冰
直线运动	采用电磁线圈和直线电动机可做短距离直线运动,通过机械机构可将旋转运动变为直线运动	采用液压缸方便地实现直线运动,低速时很容易控制	采用气缸方便地实现直线运动,工作行程可达2000mm,具有较好的加速和减速性能,速度为10～1500mm/s

应用项目	电气技术	液压技术	气动技术
摆动	通过机械机构可将旋转运动转化为摆动	用液压缸和摆动执行元件可很容易地实现摆动,摆动角度可达360°或更大	用气缸、齿条和齿轮可以很容易实现摆动,摆动气缸性能参数与直线气缸相同,摆动角度很容易达到360°
旋转运动	对于旋转运动的驱动方式,其效率最高	用各种类型的液压马达可以很容易地实现旋转运动,与气马达相比,液压马达转速范围窄,但在低速时很容易控制	用各种类型的气马达可以很容易地实现旋转运动,转速范围宽,可达 500000r/min 或更高,实现反转方便
推力	因为推力需要机械机构来传递,所以效率低、超载能力差,空载时能量消耗大	因为工作压力高,所以能量消耗大,超载能力由起安全作用的溢流阀设定,保持力时有持续的能量消耗	因为工作压力低,所以调压范围窄,保持时无能量消耗,推力取决于工作压力和气缸缸径,当推力为 1N~50kN 时,采用气动技术最经济
力矩	过载能力差,力矩范围窄	在停止时会有全力矩,但能量消耗大,超载能力由安全溢流阀设定,力矩范围宽	超载时可停止不动,无其他危害,力矩范围窄,空载时能量消耗大
控制能力	控制方式较复杂	在较宽范围内,推力可以很方便地通过压力来控制。低速时,可以很好地实现速度控制,且控制精度较高	在 1:10 范围内,根据负载大小,推力可以很方便地通过压力(减压阀)来控制。用节流阀或快速排气阀可以很方便地实现速度控制,但低速时实现速度控制较难
操作程度	需要专业知识,有偶然事故和短路的危险,错误连接很容易损坏设备和控制系统	与气动系统比较,液压系统更复杂,高压时要考虑安全性,存在泄漏和密封等问题	无需很多专业知识就能很好地操作,便于构造和运行开环控制系统
噪声	存在较大电磁线圈和触点的激励噪声,但均在车间噪声范围内	高压时泵的噪声很大,且可通过管道传播	排气噪声大,通过安装消声器可大大降低排气噪声

1.2　气动技术基础知识

　　气压传动是以压缩空气作为工作介质进行能量传递和控制的一种传动形式。应用非常广泛,尤其是轻工、食品工业、化工。但空气的可压缩性极大地限制了气压传动传递的功率,一般工作压力较低（0.3~1MPa）,总输出力不宜大于 10~40kN,且工作速度稳定性较差。压缩空气在气动系统中的主要作用是决定传感器的状态、处理信号、通过控制元件控制执行机构、实现动作（执行元件）。

1.2.1　空气的物理性质

　　含水蒸气的空气称为湿空气（大气中的空气基本都是湿空气）,不含水蒸气的空气称为干空气。

　　（1）干空气的组成　见表 1-7。

表 1-7　干空气的组成

成分	氮气 N_2	氧气 O_2	氩 Ar	二氧化碳 CO_2	其他气体
体积分数/%	78.03	20.93	0.932	0.03	0.078
质量分数/%	75.50	23.10	1.28	0.045	0.075

注：标准状态，即温度为 0℃、压力为 0.1013MPa。

（2）空气的物理性质　见表 1-8。

表 1-8　空气的物理性质

物理性质	定义及公式	
空气密度	单位体积内空气的质量 $$\rho=\frac{m}{V}$$ $$\rho=\rho_0\times\frac{273}{273+t}\times\frac{p}{0.1013}(干空气)$$ 式中，m 为空气的质量，kg；V 为空气的体积，m^3 空气的体积与温度、压力有关，三者满足气体状态方程式	
空气黏度	比液体的黏度小很多，且随温度的升高而升高	
空气压缩性和膨胀性	体积随压力和温度而变化的性质分别表征为压缩性和膨胀性。空气的压缩性和膨胀性远大于固体和液体的压缩性和膨胀性	
露点	在规定的空气压力下，当温度一直下降到成为饱和状态时，水蒸气开始凝结的那一刹那的温度	大气露点(大气压下水分的凝结温度，如空气压缩机的吸入口) 压力露点(指气压系统在某一高压下的凝结温度，如空气压缩机的输出口)
压缩空气析水量	压缩空气一旦冷却下来，相对湿度将大大增加，温度降到露点后，水蒸气就凝析出来	
湿度和含湿量	绝对湿度是指单位体积的湿空气所含水蒸气的质量 $$x=\frac{m_s}{V}$$ 式中，x 为绝对湿度，kg/m^3；m_s 为湿空气中水蒸气的质量，kg；V 为湿空气的体积，m^3 相对湿度是指在某温度和总压力下，绝对湿度与饱和绝对湿度之比 $$\phi=\frac{x}{x_b}\times100\%\approx\frac{p_s}{p_b}\times100\%$$ 式中，p_s 为蒸气的分压力 当空气绝对干燥时，$p_s=0$，$\phi=0$；当空气达到饱和时 $p_s=p_b$，$\phi=100\%$；一般湿空气的 ϕ 值在 0~100% 之间变化。气动技术中规定各种阀用空气的相对湿度应小于 90%	

1.2.2　气体的状态方程

气体的三个状态参数是压力 p、温度 T 和体积 V。气体状态方程是描述气体处于某一平衡状态时，这三个参数之间的关系。

理想气体是指没有黏性的气体。一定质量的理想气体在状态变化的某一稳定瞬时，气体状态方程，如式（1-1）、式（1-2）所示。

$$\frac{pV}{T}=常量 \tag{1-1}$$

$$p=\rho RT \tag{1-2}$$

式中，p 为气体在某一状态下的绝对压力，Pa；V 为气体在某一状态下的体积，m^3；T 为气体在某一状态下的热力学温度，K；ρ 为气体的密度（kg/m^3）；R 为气体常数，$J/(kg\cdot K)$。其中，干空气 $R_g=287.1J/(kg\cdot K)$，湿空气 $R_s=462.05J/(kg\cdot K)$。

由于实际气体具有黏性，因而严格地讲它并不完全符合理想气体方程式。理想气体状态方程式适用（空气、氧气、氮气）参数性能范围见表 1-9。

表 1-9　理想气体状态方程式适用参数性能范围

适用范围		不适用范围	
绝对压力	温度	压力	温度
不超过 20MPa	不低于 20℃	高压	低温

1.2.3　理想气体的状态变化过程

p、V、T 的变化决定了气体的不同状态，在状态变化过程中加上限制条件时，理想气体的状态变化过程见表 1-10。

表 1-10　理想气体的状态变化过程

过程名称	状态变化情况	应用实例	状态方程
等温过程（波义耳定律）	无内能变化，加入系统的热量全部变成气体所做的功	气动系统中气缸工作、管道输送空气等均可视为等温过程	$pV=$ 常量
绝热过程	一定质量的气体和外界没有热量交换时的状态变化过程	气动系统中快速充、排气过程可视为绝热过程，系统靠消耗自身内能对外做功	$pV^k=$ 常量式中，k 为绝热指数，空气 $k=1.4$
等容过程（查理定律）	一定质量的气体，在体积不变的条件下，进行的状态变化过程		$\dfrac{p}{T}=$ 常量压力升高，温度升高
等压过程（盖·吕萨克定律）	一定质量的气体，在压力不变的条件下，进行的状态变化过程		$\dfrac{V}{T}=$ 常量温度上升，体积膨胀

1.2.4　气体流动规律

（1）气体流动基本方程　见表 1-11。

表 1-11　气体流动基本方程

名称	成立条件	方程式
连续性方程	注意 $\rho_1 \neq \rho_2$	$\rho_1 v_1 A_1 = \rho_2 v_2 A_2$
伯努利方程	按绝热状态计算［因气体可以压缩（$\rho \neq$ 常数），气体流动很快，来不及与周围环境进行热交换，按绝热状态计算］	$v^2/2+gz+kp/(k-1)\rho+ghw=$ 常数在低速流动时，气体可认为是不可压缩的（$\rho=$ 常数），则有 $v^2/2+gz+p/\rho=$ 常数

（2）声速与马赫数　见表 1-12。

表 1-12　声速与马赫数

	定义	声音引起的波称为声波，声波在介质中的传播速度称为声速
声速	规律	①声音传播过程属于绝热过程②声音在理想气体中传播的相对速度只与气体的温度有关③气体的声速 c 是随气体状态参数的变化而变化的
马赫数	定义	气流速度与当地声速（$c=341\text{m/s}$）之比称为马赫数，（$Ma=v/c$），它是气体流动的重要参数，集中反映了气流的压缩性
	规律	Ma 越大，气流密度变化越大当 $v<c$，$Ma<1$ 时，称为亚声速流动；当 $v=c$，$Ma=1$ 时，称为声速流动，也称临界状态流动；当 $v>c$，$Ma>1$ 时，称为超声速流动

（3）气体在管道中的流动特性　见表 1-13。

表 1-13　气体在管道中的流动特性

在亚声速流动时（$Ma<1$）		在超声速流动时（$Ma>1$）	
$v_2>v_1$	$v_2<v_1$	$v_2<v_1$	$v_2>v_1$

当 $v\leqslant50$m/s 时，不必考虑压缩性。在气动装置中，气体流动速度较低，且经过压缩，可以认为不可压缩。
当 $v\approx140$m/s 时，应考虑压缩性。自由气体经空气压缩机压缩的过程中是可压缩的

1.2.5　气动元件的通流能力

气动元件的通流能力是指单位时间内通过阀、管路等的气体质量。目前通流能力可以采用有效截面积 S 和质量流量 q 表示。通流能力的表示参数见表 1-14。

表 1-14　通流能力的表示参数

参数	有效截面积	不可压缩气体通过节流小孔的流量
公式	对于阀口或管路有效截面积的简化计算 $$S=\alpha A$$ 式中，α 为收缩系数，由相关图查出；A 为孔口实际面积	工程中常采用近似公式： $$q_m=\varepsilon cA[2\rho(p_1-p_2)]^{1/2}$$ 式中，ε 为空气膨胀修正系数；c 为流量系数；A 为节流孔面积
规律	串联元件 $1/S_R^2=\sum 1/S_i^2$　并联元件 $S_R=\sum S_i$	当气体以较低的速度通过节流小孔时，可以不计其压缩性，将其密度视为常数

1.3　气动技术基础训练

（1）目标要求　理解气动系统工作原理及特点，了解系统的组成，掌握系统工作特征、主要参数。

（2）实例任务

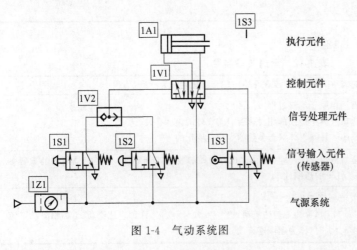

| 执行元件 |
| 控制元件 |
| 信号处理元件 |
| 信号输入元件（传感器） |
| 气源系统 |

图 1-4　气动系统图

① 说明系统各装置中的典型元件及其简单的功用。

② 气动系统中的压力取决于什么？执行元件的运动速度取决于什么？

③ 分析图 1-4 所示气动系统图，并填写表 1-15。

表 1-15　系统组成部分及组成元件名称

序号	系统组成部分	组成元件名称
1		
2		
3		
4		
5		
6		
7		
8		

第2章

气源装置及气动元件图形符号

本章重点内容

- 学习气动元件分类特点
- 熟悉气动元件结构及工作原理
- 掌握气动元件图形符号的规范绘制方法
- 熟悉气动元件的常见故障及维修保养内容

2.1 气源装置

气源装置为气动系统提供满足一定质量要求的压缩空气，是气动系统的重要组成部分。气动系统对压缩空气的主要要求是具有一定压力和流量，并具有一定的净化程度。

2.1.1 气源装置的组成

气源装置的组成（图2-1）：气压发生装置——空气压缩机；净化、储存压缩空气的装置和设备；传输压缩空气的管道系统；气动三联件。

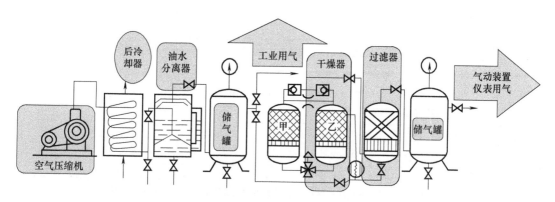

图 2-1 气源装置的组成

通常将气压发生装置和净化、储存装置部分设备布置在压缩空气站内，作为工厂或车间统一的气源，气动三联件由用气设备确定。

2.1.2 气动发生装置

空气压缩机将机械能转化为气体的压力能，供气动机械使用，按结构形式分为活塞式、叶片式和螺杆式三种（图2-2），按工作原理分为容积式和速度式两种（图2-3）。

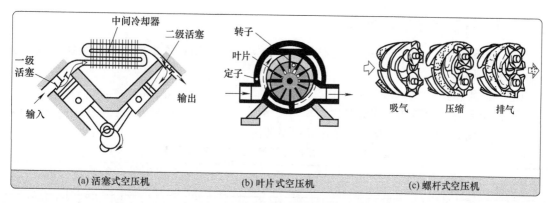

图 2-2 空气压缩机按结构形式分类

空气压缩机按输出压力大小、流量分类，见表2-1。
空气压缩机的选用原则，依据是气动系统所需要的流量和工作压力，见表2-2。
空气压缩机的使用注意事项见表2-3。

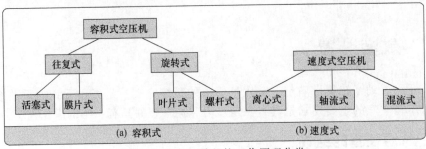

图 2-3　空气压缩机按工作原理分类

表 2-1　空气压缩机按输出压力大小、流量分类

按输出压力分类		按输出流量分类	
低压空气压缩机	0.2～1.0MPa	微型空气压缩机	$<1\text{m}^3/\text{min}$
中压空气压缩机	1.0～10MPa	小型空气压缩机	$1\sim10\text{m}^3/\text{min}$
高压空气压缩机	10～100MPa	中型空气压缩机	$10\sim100\text{m}^3/\text{min}$
超高压空气压缩机	>100MPa	大型空气压缩机	$>100\text{m}^3/\text{min}$

表 2-2　空气压缩机的选用原则

空气压缩机输出流量	空气压缩机供气压力
$q_{vn}=(q_{vn0}+q_{vn1})/(0.7\sim0.8)$	$p_c=p+\sum\Delta p$
式中，q_{vn0} 为配管等处的泄漏量；q_{vn1} 为工作元件的总流量	式中，p 为系统工作压力；$\sum\Delta p$ 为系统总压力损失

注：系统工作压力应为系统中各个气动执行元件工作的最高工作压力；系统总压力损失除了考虑管路的沿程阻力损失、局部阻力损失外，还应考虑为了保证减压阀的稳压性能所必需的最低输入压力，以及元件工作时的压降损失。

表 2-3　空气压缩机的使用注意事项

注意事项	具 体 措 施
安装位置	安装地点必须清洁，应无粉尘、通风好、湿度小、温度低，且要留有维护保养操作的空间，所以一般要安装在专用机房内
噪声	因为空气压缩机运转会产生噪声，所以必须考虑噪声的防治，如设置隔声罩、设置消声器、选择噪声较低的空气压缩机。一般而言，螺杆式空气压缩机的噪声较小
润滑	使用专用润滑油并定期更换，启动前应检查润滑油位，并用手扳动传动带使机轴转动几圈，以保证启动时的润滑。启动前和停车后都应及时排除空气压缩机气罐中的水分

2.1.3　气源装置应用训练

（1）**目标要求**　了解气源装置组成、各部分名称及功用；了解净化处理系统组成、各部分名称及功用。

（2）**实例任务**

① 说明系统中的各部分装置名称及功用？

② 分析图 2-4 所示气源及空气净化处理系统图，并填写表 2-4。

表 2-4　系统组成部分及组成装置名称与功用

序号	系统组成部分	组成装置名称与功用
1		
2		
3		
4		
5		
6		

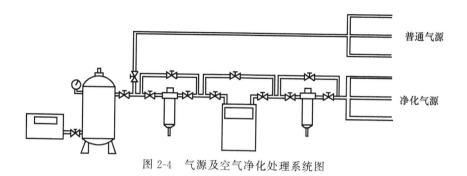

图 2-4　气源及空气净化处理系统图

2.2　常用气动元件图形符号及意义

气动元件图形符号表示元件的功能，而不表示元件的具体结构和参数。采用国家标准规定的图形符号绘制气动系统图，可使气动系统简单明了。

2.2.1　名词术语

与气动、液压系统图有关的名词术语见表 2-5。

表 2-5　名词术语

名词术语	术语说明
符号要素	用符号来辨识元(辅)件、装置、管路等所采用的基本图线或图形
功能要素	用符号来表示元件、装置的功能或动作所采用的基本图线或图形
简化符号	为简化绘图而省略一部分符号或用其他简单符号代替所采用的符号
一般符号	不必明确表示元(辅)件、装置的详细功能或形式时，所采用的代表符号
详细符号	详细表示元(辅)件功能时所采用的符号，与简化或一般符号对照使用
直接压力控制	元件的位置由控制压力直接控制的方式
先导压力控制	依靠元件内部组装的先导阀所产生的压力使主阀动作的控制方式
内部压力控制	从被控制元件内部提供控制用流体的方式
外部压力控制	从被控制元件外部提供控制用流体的方式
内部泄油	泄油通路接在元件内部的回油通路上，使泄油与回油合流的方式
外部泄油	泄油从元件的泄油口单独引出的方式

2.2.2　符号构成

符号由功能要素与符号要素构成。功能要素见表 2-6，符号要素见表 2-7。

表 2-6　功能要素

名称	符号	用途	名称	符号	用途
空心三角形	$\triangleright$	气动	直箭头和斜箭头	$30°$ 0.3L	直线运动、流体穿过阀的通路和方向、热流方向
实心三角形	$\blacktriangleright$	液压	弧线箭头	$90°$ L	旋转运动方向
其他	ζ	电气符号	其他	$\bigvee\!\bigvee$	弹簧
	$\perp$	封闭气、油路或气、油口		$><$	节流
	|/	电磁操纵器		$90°$	单向阀化简符号的阀座
	温度指示或温度控制			固定符号
	M	原动机			

表 2-7　符号要素

名称	符号	用途	名称	符号	用途
实线		工作管路、控制供给管路、回油管路、电气线路	正方形		控制元件、除电动机外的原动机
虚线		控制管路、泄油管路、过滤器、过滤位置			调节元件(过滤器、分离器、油雾器和热交换器)
点画线		组合元件框线			蓄能器重锤
双线		机械连接的轴、操纵杆、活塞杆	矩形	$L_2 > L_1$	缸、阀
大圆		一般能量转换元件(泵、马达、压缩机)		$L_1 < L_2 < 2L_1$	某种控制方法
中圆		测量仪表			活塞
小圆		单向元件			执行器中的缓冲器
圆点		管路连接点、滚轮轴	半矩形		油箱
半圆		限定旋转角度的马达和泵	囊形		压力油箱、气罐、蓄能器、辅助气瓶

注：图线宽度 b 按 GB/T 4457.4 规定；L_1 为基本尺寸。

2.2.3　能量储存器及动力源符号

能量储存器及动力源符号见表 2-8。

2.2.4　流体调节元件及净化设备符号

气动系统对压缩空气质量的要求：压缩空气要具有一定压力和足够的流量，具有一定的净化程度。压缩空气净化设备一般包括后冷却器、油水分离器、储气罐、干燥器。

流体调节元件及净化设备符号见表 2-9。

2.2.5　检测元件及其他元件符号

检测元件及其他元件符号见表 2-10。

表 2-8　能量储存器及动力源符号

名称	符号	名称	符号
蓄能器一般符号		重锤式蓄能器	
气体隔离式蓄能器	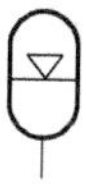	弹簧式蓄能器	
辅助气瓶		电动机一般符号	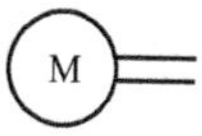 M
液压源	 ▶	原动机一般符号	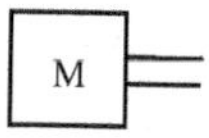 M
气压源	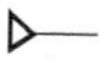 ▷		

表 2-9　流体调节元件及净化设备符号

名称	符号	名称	符号
气源调节装置	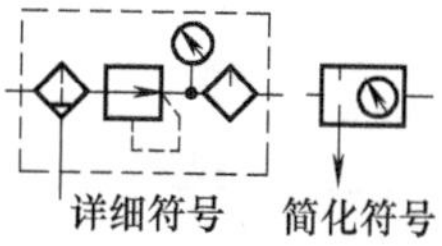 详细符号　简化符号	分水排水器	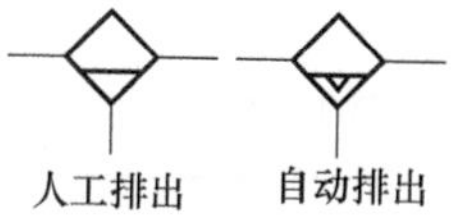 人工排出　自动排出
过滤器	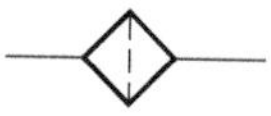	空气过滤器	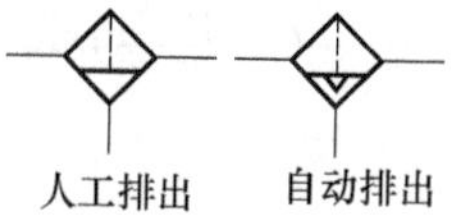 人工排出　自动排出
油雾器			
空气干燥器	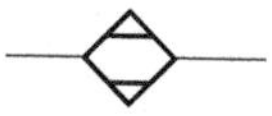	除油器	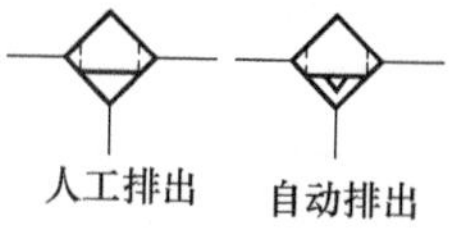 人工排出　自动排出

表 2-10　检测元件及其他元件符号

名称	符号	名称	符号
压力指示器		液面计	
压力计		温度计	
流量计	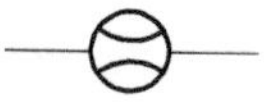	行程开关	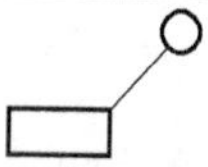
转速仪	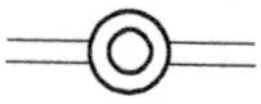	模拟传感器	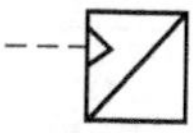
转矩仪	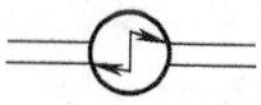	气动消声器	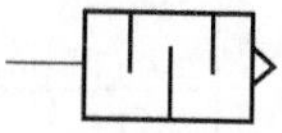
压力继电器	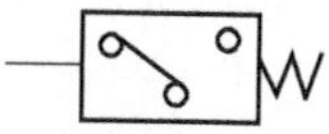	气动报警器	

2.2.6 气缸和特殊能量转换器符号

气缸和特殊能量转换器符号见表2-11。

表 2-11 气缸和特殊能量转换器符号

名称	符号	名称	符号
单作用单活塞缸	不带弹簧　带弹簧	双作用可调单向缓冲缸	
单作用伸缩缸		双作用可调双向缓冲缸	
双作用单活塞缸		双作用伸缩缸	
双作用双活塞杆缸		气-液转换器	单程作用　连续作用
双作用不可调单向缓冲缸		气-液增压器	单程作用　连续作用
双作用不可调双向缓冲缸			

2.2.7 控制机构和控制方法符号

控制机构和控制方法符号见表2-12。

表 2-12 控制机构和控制方法符号

名称		符号	名称		符号
定位装置			机械控制	顶杆式机械控制	
人力控制	按钮式			可变行程机械控制	
	拉钮式			弹簧控制	
	按-拉式			滚轮式机械控制	
	手柄式			单向滚轮式机械控制	
	踏板式		加压先导控制	电磁-液压先导控制	
	双向踏板式			气压先导控制	
直接压力控制	加压或卸压控制			液压先导控制	
	差动控制			液压二级先导控制	
	内部压力控制	45°		气压-液压先导控制	
	外部压力控制			电磁-气压先导控制	

名称		符号	名称		符号
电气控制	单作用可调电磁操控器（比例电磁铁、力马达）		卸压先导控制反馈	先导型压力控制阀（带压力调节弹簧、外部泄油、带遥控泄放口）	
	双作用可调电磁操控器（力矩马达）			先导型比例电磁式压力控制器（单作用比例操纵器、内部泄油）	
	电动机控制			外反馈一般符号	
	单作用电磁铁控制			电机反馈	
	双作用电磁铁控制			机械内反馈	
卸压先导控制反馈	液压先导控制（内部压力控制、内部泄油）				
	液压先导控制（内部压力控制、带遥控泄放口）				
	电磁-液压先导控制（单作用电磁铁一次控制、外力控制外部泄油）				

2.2.8　常用控制阀符号

（1）方向控制阀　种类如下。

方向控制阀 {
　换向阀
　单向型阀 {
　　单向阀：气流只能沿一个方向流动而不能反向流动。
　　梭阀：两个单向阀的组合，其作用相当于"或阀"。
　　双压阀：两个单位阀的组合，作用相当于"与阀"。
　　快速排气阀：常装在换向阀与气缸之间，使气缸不通过换向阀而快速排出气体，从而加快气缸往复运动速度，缩短工作周期。
}

方向控制阀符号见表 2-13。

表 2-13　方向控制阀符号

名称	符号	名称	符号
二位二通换向阀	常闭　常开	四通电气换向阀（带电反馈三级）	
二位三通换向阀		四通电气换向阀（二级）	
二位四通换向阀		单向阀	
三位四通换向阀		梭阀	
三位五通换向阀		双压阀	
三位六通换向阀		快速排气阀	

（2）压力控制阀　种类如下。

$$\text{压力控制阀} \begin{cases} \text{减压阀} \begin{cases} \text{直动式（人工操纵、机械操作）用于稳定用气压力} \\ \text{先导式（内部先导、外部先导）} \end{cases} \\ \text{溢流阀（只作安全阀用）} \begin{cases} \text{直动式（人工操纵、机械操作）} \\ \text{先导式（内部先导、外部先导）} \end{cases} \\ \text{顺序阀（由于气缸的软特性很难用顺序阀实现两执行元件的顺序动作）} \end{cases}$$

压力控制阀符号见表 2-14。

表 2-14　压力控制阀符号

名称	符号	名称	符号
直动型溢流阀	液压控制　气压控制	溢流减压阀	液压控制　气压控制
先导型溢流阀	液压控制　气压控制	直动型减压阀	液压控制　气压控制
先导型电磁溢流阀	液压控制	直动型顺序阀	液压控制　气压控制

（3）流量控制阀　包括调速阀、带消声器的节流阀、可调单向节流阀、快速排气阀。流量控制阀符号见表 2-15。

表 2-15　流量控制阀符号

名称	符号	名称	符号
调速阀	详细符号　简化符号	带消声器的节流阀	
可调单向节流阀		快速排气阀	详细符号　简化符号

2.2.9　管路、管路连接口和接头符号

管路、管路连接口和接头符号见表 2-16。

表 2-16　管路、管路连接口和接头符号

名称	符号	名称	符号
工作管路		三通路旋转接头	
控制管路		直接排气	
组合元件线			
连接管路		带连接排气	
交叉管路		带单向阀快接接头	
柔性管路		不带单向阀快接接头	
单通路旋转接头			
双通路旋转接头			

2.3　管道系统

2.3.1　管路的分类

气动系统的管路按其功能分类，见表 2-17。

表 2-17　按功能分类的气动系统管路

管路名称	管路定义		管路特征
吸气管路	从吸入口过滤器到空气压缩机吸入口之间的管路		此段管路管径宜大，以降低压力损失
排出管路	从空气压缩机排气口到后冷却器或储气罐之间的管路		此段管路应能耐高温、高压与振动
送气管路	从储气罐到气动设备间的管路	主管路	主管路是一个固定安装的用于把空气输送到各处的耗气系统，主管路中必须安装断路阀，它能在维修和保养期间把空气主管路分离成几部分
		分支管路	
控制管路	连接气动执行件和各种控制阀间的管路		此种管路大多采用软管
排水管路	收集气动系统中的冷凝水，并将其排出的管路		

2.3.2　管道系统布置原则

管道系统布置原则见表 2-18。

表 2-18　管道系统布置原则

管道功能及名称	布置原则
所有管道系统	根据现场实际情况因地制宜地安排，尽量与其他管网(如水、煤气、暖气等管网)、电线等统一协调布置
	必须用最大耗气量或流量来确定管道的尺寸，并考虑到管道系统中的压降
车间内部干线管道	应沿墙或柱顺气流流动方向向下倾斜 3°～5°，在主干管道和支管终点(最低点)设置集水罐，定期排放积水、污物等，如图 2-5 所示
沿墙或柱接出的支管	必须在主管的上部采用大角度拐弯后再向下引出。在离地面 1.2～1.5m 处，接入一个配气器。在配气器两侧接支管引入用气设备，配气器下面设置防水排污装置，如图 2-5 所示
压缩空气管道	为防止腐蚀、便于识别，应刷防锈漆并涂以规定标记颜色的调和漆
供气管道	如遇管道较长，可在靠近用气点安装一个适当的储气罐，以满足大的间断供气量，避免过大的压降
	为保证可靠供气，可采用多种供气网络，如单树枝状、双树枝状、环形管网等

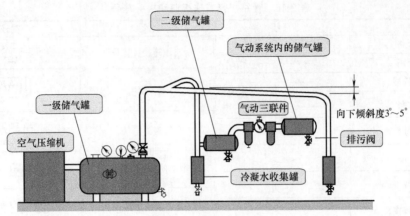

图 2-5　管道布置示意图

2.4 气动三联件和气动辅件

气动三联件（分水过滤器、调压器、油雾器）是压缩空气质量的最后保证。

2.4.1 气动三联件

气动三联件按进气的顺序依次为分水过滤器、调压器、油雾器，其作用、原理及性能指标见表 2-19。

表 2-19　气动三联件作用、原理及性能指标

名称	作用	原理	性能指标
分水过滤器	除去空气中的灰尘、杂质，并将空气中的水分分离出来，一般为主管道过滤器	回转离心、撞击	过滤度、水分离率、滤灰效率、流量特性
调压器	起减压和稳压作用，将较高的输入压力调到规定的输出压力，并保持输出压力稳定，不受空气流量变化及气源压力波动的影响	利用气流流过缝隙气阻产生压力损失，使其出口压力低于进口压力，起到降压作用。利用空气压力和弹性力相平衡作用原理来输出稳定压力。若输出压力超过调定值，通过溢流口溢流排气	调压范围：指减压阀的输出压力的可调范围，在其范围内要求达到规定的精度，主要与调压弹簧的刚度有关
			流量特性：指阀的输入压力一定时，输出压力随输出流量而变化的特性
			压力特性：指阀的输出流量一定时，由于输入压力的变化而引起输出压力的波动特性。输出压力波动越小，减压阀的压力特性越好
油雾器	特殊的注油装置	当压缩空气流时，它将润滑油喷射成雾状，随压缩空气流入需要润滑的部件，达到润滑的目的	流量特性：通过额定流量时，输入压力与输出压力之差一般不超过 0.15MPa
			起雾流量：当油位处于最高位置时，节流阀全开，气流压力为 0.5MPa 时，起雾时的最小空气流量规定为额定空气流量的 40%
			油雾粒径：规定的试验压力（0.5MPa）下，输油量为 30 滴/min 时，粒径不大于 20μm
			加油后恢复滴油时间：加油完毕，油雾器不能马上滴油，要经过一定的时间，在额定工作状态下，一般为 20～30s

油雾器在使用中一定要垂直安装，它可以单独使用，也可以和分水过滤器、减压阀联合使用，组成气源调节装置，具有过滤、减压和油雾润滑的功能。减压阀安装时，气源调节装置应尽量靠近气动设备附近，距离不应大于5m。气动三联件的工作原理如图2-6（a）所示，其安装顺序如图2-6（b）所示。

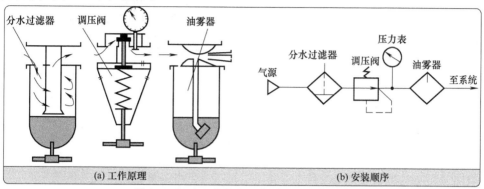

图2-6　气动三联件的工作原理和安装顺序

2.4.2　气动辅件

主要的气动辅助元件见表2-20。

表2-20　主要的气动辅助元件

名称		原理及类型	功用
消声器		通过阻尼或增加排气面积来降低排气的速度和功率，从而降低噪声，有吸收型、膨胀干涉型、膨胀干涉吸收型几类	气缸、气阀等工作时排气速度较高，气体体积急剧膨胀，会产生刺耳的噪声。噪声的强弱随排气的速度、排气量和空气通道的形状而变化。排气的速度和功率越大，噪声也越大，一般可达100～120dB，为了降低噪声，在排气口要装设消声器
管道连接件	管子	硬管和软管	一些固定不动的、不需要经常装拆的地方使用硬管；连接运动部件、希望装拆方便的管路使用软管
	管接头	卡套式、扩口螺纹式、卡箍式、插入快换式	

2.4.3　分水过滤器的常见故障及排除方法

分水过滤器的常见故障及排除方法见表2-21。

表2-21　分水过滤器常见故障及排除方法

故障	原因	排除方法
压力过大	①使用过细的滤芯 ②过滤器的流量范围太小 ③流量超过过滤器的容量 ④过滤器的滤芯网眼堵塞	①更换适当的滤芯 ②换流量范围大的过滤器 ③换大容量的过滤器 ④用净化液清洗（必要时更换）滤芯
从输出端溢出冷凝水	①未及时排除冷凝水 ②自动排水器发生故障 ③超过过滤器的流量范围	①养成定期排水习惯或安装自动排水器 ②修理（必要时更换） ③在适当流量范围内使用或更换大容量的过滤器
输出端出现异物	①过滤器的滤芯破损 ②滤芯密封不严 ③用有机溶剂清洗塑料件	①更换滤芯 ②更换滤芯的密封，紧固滤芯 ③用清洁的热水或煤油清洗
塑料杯破损	①在有有机溶剂的环境中使用 ②空气压缩机输出某种焦油 ③压缩机从空气中吸入对塑料有害的物质	①使用不受有机溶剂侵蚀的材料（如使用金属杯） ②更换空气压缩机的润滑油，使用无油压缩机 ③使用金属杯

故障	原因	排除方法
漏气	①密封不良 ②因物理(冲击)、化学原因使塑料杯产生裂痕 ③泄水阀、自动排水器失灵	①更换密封件 ②参看"塑料杯破损" ③修理(必要时更换)
油不能滴下	①没有产生油滴下落所需的压差 ②油雾器装反 ③油道堵塞 ④油杯未加压	①加装文丘里管或换成小的油雾器 ②改变安装方向 ③拆卸,进行修理 ④因通往油杯的空气通道堵塞,需拆卸修理
油杯未加压	①通往油杯的空气通道堵塞 ②油杯大、油雾器使用频繁	①拆卸修理 ②加大通往油杯的空气通孔,使用快速循环式油雾器
油滴数不能减少	油量调整螺钉失效	检修油量调整螺钉
空气向外泄漏	①油杯破损 ②密封不良 ③玻璃破损	①更换 ②检修密封 ③更换观察玻璃
油杯破损	①用有机溶剂清洗 ②周围存在有机溶剂	①更换油杯,使用金属杯或耐有机溶剂油杯 ②与有机溶剂隔离

2.4.4 气动辅助元件应用训练

（1）目标要求　理解气动辅助元件组成及功用；了解辅助元件的安装位置。

（2）实例任务

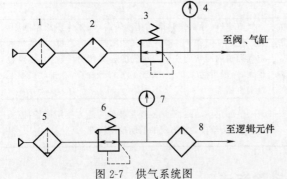

图 2-7　供气系统图

① 供气系统如图 2-7 所示,有何错误?应怎样正确布置?

② 分析图 2-7 所示的供气系统图,并填写表 2-22。

表 2-22　气动元件名称及其在气动系统中的功用

序号	气动元件名称	在气动系统中的功用
1		
2		
3		
4		
5		
6		
7		
8		

2.5 气动执行元件

　　气动执行元件是将压缩空气的压力能转换为机械能的装置,包括气缸和气马达。实现直线运动和做功的是气缸;实现旋转运动和做功的是气马达。

2.5.1 气缸的分类

在气动自动化系统中，气缸由于其具有相对较低的成本，安装容易，结构简单，耐用，各种缸径尺寸及行程可选等优点，因而是应用最广泛的一种执行元件。根据使用条件不同，气缸的结构、形状和功能也不一样。气缸主要的分类方式见表 2-23。

表 2-23 气缸主要的分类方式

按结构	活塞式[双活塞、单活塞(单杆、双杆)]
	膜片式(平膜片、滚动膜片、皮囊)
按尺寸	微型(缸径 2.5～6mm)、小型(缸径 8～25mm)、中型(缸径 32～320mm)、大型(缸径大于 320mm)
按安装方式	固定式 摆动式
按缓冲方式	单侧缓冲和双侧缓冲。弹性缓冲在活塞两侧(或两端缸盖上)设置橡胶垫
	固定缓冲(弹性垫):用于缸径小于 25mm 的场合
	可调缓冲(气垫):用于大多数气缸,是利用活塞在行程终端前封闭的缓冲腔室所形成的气垫作用来吸收动能的
按润滑方式	给油气缸:使用的工作介质是含油雾的压缩空气,对气缸内活塞、缸筒等相对运动部件进行润滑
	不给油气缸:使用的压缩空气中不含油雾,是靠装配前预先添加在密封圈内的润滑脂润滑气缸运动部件。使用时应注意,不给油气缸也可以给油,但一旦给油,必须一直作给油气缸使用,否则将引起密封件过快损坏,这是因为压缩空气中的油雾已将润滑脂洗去,而使气缸内部处于无油润滑状态
按驱动方式	单作用、双作用

2.5.2 气缸的典型结构

（1）双作用气缸　普通气缸是指缸筒内只有一个活塞和一个活塞杆的气缸，有单作用和双作用两种。普通型单活塞杆双作用气缸如图 2-8 所示。

（2）无杆气缸　如图 2-9 所示，无杆气缸没有普通气缸的刚性活塞杆，它利用活塞直接或间接地实现往复运动。其工作原理及结构特点如下。

① 铝制缸筒沿轴向开槽，为防止内部压缩空气泄漏和外部杂质侵入，槽被内部抗压密封件和外部防尘密封件密封，塑料的内、外密封件互相夹持固定着。

② 无杆活塞两端带有唇形密封圈，活塞两端分别进、排气，活塞将在缸筒内往复移动。通过缸筒槽的传动舌片，该运动被传递到承受负载的导架上。此时，传动舌片将内部抗压密封件和外部防尘密封件挤开，但它们在缸筒的两端仍然是互相夹持的。因此传动舌片与导架组件在气缸上移动时无压缩空气泄漏。

③ 由于独特的设计，该气缸只需要较小的安装空间，行程为 L，无杆缸占用安装空间

仅为 1.2L，且行程缸径比可达 50～100。

④ 无杆缸能避免由于活塞杆及杆密封圈的损伤而带来的故障。

⑤ 没有活塞杆，活塞两侧受压面积相等，双向行程具有同样的推力，有利于提高定位精度。无杆气缸现已广泛用于数控机床、注塑机等的开门装置及多功能坐标机械手的位移和自动输送线。

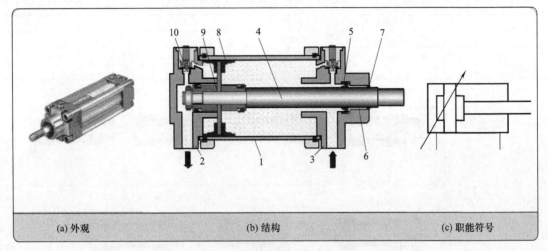

| (a) 外观 | (b) 结构 | (c) 职能符号 |

图 2-8　普通型单活塞杆双作用气缸
1—缸筒；2—后缸盖；3—前缸盖；4—活塞杆；5—防尘密封圈；
6—导向套；7—密封圈；8—活塞；9—缓冲柱塞；10—缓冲节流阀

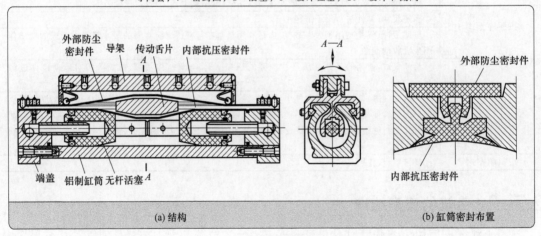

| (a) 结构 | (b) 缸筒密封布置 |

图 2-9　无杆气缸

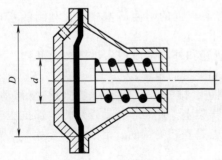

图 2-10　膜片气缸

（3）膜片气缸　如图 2-10 所示，主要由膜片和中间硬芯相连来代替普通气缸中的活塞，依靠膜片在气压作用下的变形来使活塞杆前进，活塞的位移较小，一般小于 40mm，平膜片的行程为其有效直径的 1/10，有效直径的定义为 $D_{有效} = \frac{1}{3}(D^2 + Dd + d^2)$。

膜片气缸用压缩空气推动非金属膜片做往复运动，分单作用式、双作用式两种，其具有结构紧凑、简单、制造容易、成本地、维修方便、寿命长、泄漏少、效率高等优点，但膜片的变形量有限，行程较短。膜片气缸广泛应用于化工生产过程的调节器上。

（4）气爪　用于抓起工件，一般是在气缸活塞杆上连接一个传动机构，带动爪指直线平移或绕某支点开闭，以夹紧或释放工件。图 2-11 所示为日本 SMC 产品 MHT2 系列气爪的结构，气缸的活塞杆推动接头伸缩，通过杠杆，手指可绕轴摆动进行开闭。图 2-12 所示为德国 FESTO 气爪产品，图 2-12（a）所示为平行气爪，平行气爪通过两个活塞工作，两个气爪对心移动，这种气爪可以输出很大的抓取力，既可用于内抓取，也可用于外抓取；图 2-12（b）所示为摆动气爪，内、外抓取 40°摆角，抓取力大，并确保抓取力矩始终恒定；图 2-12（c）所示为旋转气爪，其动作和齿轮、齿条的啮合原理相似，两个气爪可同时移动并自动对中，其齿轮、齿条原理确保了抓取力矩始终恒定；图 2-12（d）所示为三点气爪，三个气爪同时开闭，适合夹持圆柱形工件。

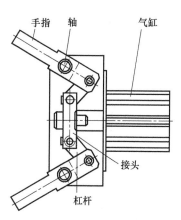

图 2-11　SMC 产品 MHT2 系列
气爪的结构

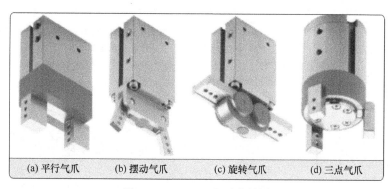

图 2-12　FESTO 气爪产品图

2.5.3　气缸的工作特性

气缸的工作特性见表 2-24。

表 2-24　气缸的工作特性

特性参数	工 作 特 性
速度	指活塞平均速度，在运动过程中气缸活塞的速度是变化的
理论出力	$F_1=(A_1p_1-A_2p_2)\eta_m$ p_1、A_1 和 A_2、p_2 分别为无杆腔、有杆腔的压力和作用面积
效率	效率 η 表示气缸实际输出力受摩擦力影响的程度，D 增大、p 提高，η 增大，一般在 0.7~0.95 之间
负载率	确定缸径和研究气缸性能的指标负载率 $\beta=$ 气缸实际负载 F/理论输出力 F_0。 阻力负载（静负载）$\beta=0$ 惯性负载的运动速度 $v<100\text{mm/s}$ 时，$\beta\leqslant0.65$；$v=100\sim500\text{mm/s}$ 时，$\beta\leqslant0.5$；$v>50\text{mm/s}$ 时，$\beta\leqslant0.3$

图解电气气动技术基础

特性参数	工 作 特 性
耗气量	最大耗气量 q_{max} 是指气缸活塞以最大速度完成一次行程所需的自由空气耗气量 $$q_{max} = \frac{AS}{t\eta_v} \times \frac{p+p_0}{p_0}$$ 式中，A 为气缸有效作用面积；S 为气缸行程；t 为气缸活塞完成一次行程的时间；p 为工作压力；p_0 为大气压；η_v 为气缸容积效率，一般取 $0.9 \sim 0.95$
	平均耗气量 q 用气缸累计行程 NL（N 为气缸每秒往复次数）取代最大耗气量气缸行程 L。平均耗气量 q 除与气缸的结构尺寸 D 和工作压力 p 有关外，还取决于气缸单位时间内往复作次数
缸径计算：例2-1（需根据其负载大小、运行速度和系统工作压力来决定）	①根据气缸安装及驱动负载的实际工况，分析计算出气缸轴向实际负载，再由气缸平均运行速度来选定气缸的负载率 ②初步选定气缸工作压力（一般为 $0.4 \sim 0.6$MPa），由 F/θ，计算出气缸理论出力 ③计算出缸径及杆径，并按标准圆整
	通常将缸径 $2.5 \sim 6$mm 的称为微型缸，缸径 $8 \sim 25$mm 的称为小型缸，缸径 $32 \sim 320$mm 的称为中型缸，缸径大于 320mm 的称为大型缸。缸径的 ISO 标准系列常用的有 2.5mm，4mm，6mm，10mm，12mm，16mm，20mm，25mm，32mm，40mm，50mm，63mm，80mm，100mm，125mm，140mm，160mm，180mm，200mm，250mm，300mm
活塞杆的计算	当气缸带负载工作时，其活塞杆受压载荷很大，容易引起活塞杆弯曲，因此必须将活塞杆作为受压件来处理，以决定活塞杆的直径和长度 当活塞杆长度 $L \leqslant 10d$ 时，按强度条件计算，此时活塞杆直径由载荷决定，而与长度无关，或者说活塞杆所受的应力应小于活塞杆材料的许用应力，即 $$\frac{F_{推}}{\frac{\pi}{4}d^2} \leqslant [\sigma_p]$$ 故 $$d \geqslant \sqrt{\frac{4F_{推}}{\pi[\sigma_p]}}$$ 式中，$F_{推}$ 为气缸活塞杆上的推力，N；$[\sigma_p]$ 为活塞杆材料的许用应力，Pa 当活塞杆长度 $L > 10d$ 时，按纵向弯曲极限计算，这时活塞杆直径与长度需同时考虑，活塞杆直径不仅和外载荷有关，而且和长度及安装形式、材料的性能有关 当细长比 $\frac{L}{K} > m\sqrt{n}$ 时，有 $$F_K = \frac{n\pi EI}{L^2}$$ 当细长比 $\frac{L}{K} \leqslant m\sqrt{n}$ 时，有 $$F_K = \frac{fA_1}{1 + \frac{\alpha}{n}\left(\frac{L}{K}\right)^2}$$ 式中，L 为活塞杆长度，m；见《液压气动手册》表 15-7；K 为活塞杆截面曲率半径，$K = \sqrt{\frac{I}{A_1}}$ m；I 为活塞杆横截面惯性矩，$I = \frac{\pi d^4}{64}$，m^4；A_1 为活塞杆横截面积 $A_1 = \frac{\pi}{4}d^2$，m^2；m 为柔性系数，对钢取 $m \approx 85$；n 为端点安装形式系数，见《液压气动手册》表 15-7；E 为材料弹性模量，$E_{钢} = 2.1 \times 10^{11}$Pa；$f$ 为材料强度试验值，对钢取 $f_{钢} = 49 \times 10^7$Pa；α 为系数，钢取 $\alpha = \frac{1}{5000}$

特性参数	工 作 特 性
缓冲计算（图 2-13）	缓冲结构位于气缸的两行程终端，高速运行的气缸在行程终端要对缸盖产生冲击，造成机件变形或损坏，对此，必须采用缓冲装置 $$E_p = \frac{k}{k-1} p_1 V_1 \left[\left(\frac{p_2}{p_1} \right)^{\frac{k-1}{k}} - 1 \right]$$ $$E_v = \frac{1}{2} m v^2$$ $$V_1 = \frac{1}{4} \pi (D^2 - d_1^2) L_1$$ 式中，p_1 为缓冲气室内初始绝对压力；p_2 为缓冲结束后缓冲气室内的绝对压力；V_1 为缓冲气室内的容积；k 为空气绝热指数，$K:1.4$；m 为活塞等运动部件的总质量；v 为缓冲开始前活塞运动速度；D 为气缸缸径；d_1 为缓冲柱塞直径；L_1 为缓冲柱塞长度 目前工程上常取 $\frac{p_2}{p_1} = 5$，将 V_1 及比值 $\frac{p_2}{p_1} = 5$ 代入公式得 $$E = 3.19 p_1 (D^2 - d_1^2) L_1$$

【例 2-1】　气缸推动工件在水平导轨上运动。已知工件等运动件质量 m 为 250kg，工件与导轨间的摩擦因数 μ 为 0.25，气缸行程 s 为 400mm，经 1.5s 时间工件运动到位，系统工作压力 p 为 0.4MPa，试选定气缸缸径。

解　气缸实际轴向负载　　$F = \mu m g = 0.25 \times 250 \times 9.81 = 613.13$N

气缸平均速度　　　　　　$v = \dfrac{s}{t} = \dfrac{400}{1.5} = 267$mm/s

选定负载率　　　　$\theta = 0.5$

则气缸理论输出力

$$F_1 = \frac{F}{\theta} = \frac{613.13}{0.5} = 1226.3 \text{N}$$

双作用气缸理论推力

$$F_1 = \frac{1}{4} \pi D^2 p \text{，则气缸缸径}$$

$$D = \sqrt{\frac{4F_1}{\pi p}} = \sqrt{\frac{4 \times 1226.3}{3.14 \times 0.4}} = 62.49 \text{mm}$$

按标准选定气缸缸径为 63mm。

缓冲结构如图 2-13 所示。

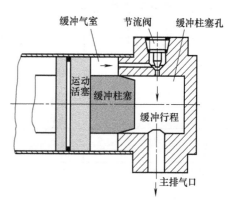

图 2-13　缓冲结构

① 活塞 $\xrightarrow{\text{接近终端}}$ 缓冲行程 $\xrightarrow{\text{缓冲柱塞}}$ 缓冲柱塞孔 $\xrightarrow{\text{堵死}}$ 主排气通道 $\xrightarrow{\text{节流阀}}$ 排气 $\xrightarrow{\text{压缩}}$ 缓冲气室 $\xrightarrow{\text{压力升高}}$ 形成背压 $\xrightarrow{\text{吸收}}$ 惯性动能 $\xrightarrow{\text{迅速减速}}$ 迫使活塞停止。

② 调节节流阀开度，控制气缸速度。

③ 为了达到缓冲目的，缓冲气室内空气绝热压缩所能吸收的压缩能必须大于活塞等运动部件所具有的动能。

2.5.4　气缸的选择和使用要求

气缸的合理选用，是保证气动系统正常稳定工作的前提。合理选用气缸，即根据各生产厂家要求的选用原则，使气缸符合正常的工作条件。

（1）气缸的主要工作条件　包括工作压力范围、负载要求、工作过程、工作介质温度、环境条件（温度等）、润滑条件及安装要求。

（2）气缸的选择要点　见表 2-25。

表 2-25　气缸的选择要点

选择参数	选择要点	气缸选择参数原则
确定缸径	根据气缸的负载状态和负载运动状态	按气源压力确定使用压力,使用压力应小于气源压力的 85%
		单作用缸按杆径/缸径＝0.5 预选,根据 $F_0 = \frac{\pi}{4}D^2 p - F_{t1}$ 求缸径,将 D 值标准化
		双作用缸按杆径/缸径＝0.3～0.4 预选,根据 $F_0 = \frac{\pi}{4}D^2 p$ 求缸径,将 D 值标准化
预选气缸的行程	根据气缸及传动机构的实际运行距离	便于安装调试
		计算出的距离以加大 10～20mm 为宜,但不能太长,以免增大耗气量
确定气缸的品种和安装形式	根据使用目的和安装位置	可参考相关手册或产品样本
选取气缸进、排气口及导管内径	以气缸进、排气口连接螺纹尺寸为基准	活塞的运动速度主要取决于气缸进、排气口及导管内径
		为获得缓慢而平稳的运动可采用气、液阻尼缸
		普通气缸的运动速度为 0.5～1m/s
		对高速运动的气缸应选用缓冲缸或在回路中加缓冲装置

（3）气缸的使用要求　见表 2-26。

表 2-26　气缸的使用要求

气缸使用参数	参数范围	使用注意事项及要求
周围环境及介质温度	5～60℃	超出规定范围时应考虑使用特殊密封材料及十分干燥的空气
工作压力	0.4～0.6MPa（表压）	
试压压力	安装前应在 1.5 倍工作压力下试压	不允许有泄漏
气缸排气量	余量足够大	负载变化较大时,在整个工作行程中,考虑排气余量
正确设置和调整油雾器	注意合理润滑	不能影响气缸运动性能和正常工作
活塞杆强度	考虑活塞杆受力方向,不允许承受径向载荷	活塞杆头部的螺纹受冲击而遭受破坏,大多数场合活塞杆承受的是推力负载,因此必须考虑细长杆的压杆稳定性和气缸水平安装时,活塞杆伸出因自重而引起活塞杆头部下垂的问题
在使用时应检查负载的惯性力	设置负载停止的阻挡装置和缓冲装置	活塞杆头部连接处,在大惯性负载运动停止时,往往伴随着冲击。由于冲击作用而容易引起活塞杆头部破坏。注意消除活塞杆上承受的不合理作用力

2.5.5　气动马达

气动马达是一种做连续旋转运动的气动执行元件,是一种把压缩空气的压力能转换成回转机械能的能量转换装置,其作用相当于电动机或液压马达,它输出转矩,驱动执行机构做旋转运动。在气压传动中使用广泛的是叶片式、活塞式和齿轮式气动马达。叶片式气动马达主要用于风动工具、高速旋转机械及矿山机械等。

（1）**叶片式气动马达的工作原理**　如图 2-14 所示，压缩空气由 A 孔输入，小部分经定子两端的密封盖槽进入叶片底部（图中未表示），将叶片推出，使叶片紧贴在定子内壁上，多数压缩空气进入相应的密封空间而作用在两个叶片上。由于两叶片伸出长度不等，因此产生了转矩差，使叶片与转子按顺时针方向旋转，做功后的气体由定子上的孔 C 和 B 排出。若改变压缩空气的输入方向（即压缩空气由 B 孔进入，从孔 A 和 C 排出）则可改变转子的转向。

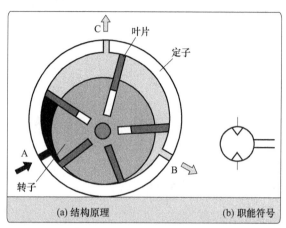

图 2-14　双向叶片式气动马达

（2）**气动马达突出的特点**　见表 2-27。

表 2-27　气动马达与电动马达和液压马达比较突出的特点

突出特点	主要因素
具有防爆性能,在易燃、易爆、高温、振动、潮湿、粉尘等场合能正常工作,而无漏电的危险	由于气动马达的工作介质空气本身的特性和结构设计上的考虑,能够在工作中不产生火花
能长期满载工作,温升较小,且有过载保护的性能	由于气动马达本身的软特性,过载时,马达只是降低转速或停止转动;当过载解除,继续运转,并不产生故障
能直接带载启动,启动、停止迅速,可长期满载工作,而温升较小	具有较高的启动转矩
可实现无级调速,结构简单,操纵方便,可正、反转,维修容易,成本低	只要控制进气流量,就能调节马达的功率和转速
适用于安装在位置狭小的场合及手动工具上	与电动机相比,单位功率尺寸小,重量轻
输出功率惯性比较小,耗气量大,效率低,噪声大和易产生振,速度稳定性差	比同功率的电动机轻 1/10～1/3

（3）**气动马达的应用**　气动马达的工作适应性较强，可用于无级调速、启动频繁、经常换向、高温潮湿、易燃易爆、负载启动、不便人工操纵及有过载可能的场合，其应用见表 2-28。

表 2-28　气动马达的应用

主要机械制造业	矿山机械、专业性的机械制造业、油田、化工、造纸、炼钢、船舶、航空
气动工具	风钻、风扳手、风砂轮

随着气压传动的发展，气动马达的应用范围将更趋广泛。图 2-15 所示为气动马达的几个应用实例。

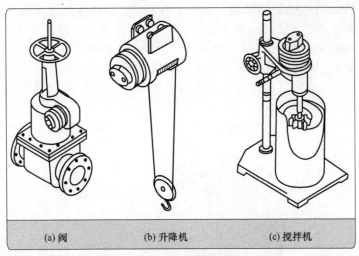

| (a) 阀 | (b) 升降机 | (c) 搅拌机 |

图 2-15　气动马达应用实例

2.5.6　气缸的常见故障及排除方法

气缸的常见故障及排除方法见表 2-29。

表 2-29　气缸的常见故障及排除方法

故障	原因	排除方法
外泄漏:活动杆与密封衬套间漏气;气缸体与端盖间漏气;从缓冲装置的调节螺钉处漏气	①衬套密封圈磨损 ②活塞杆偏心 ③活塞杆有伤痕 ④活塞杆与密封衬套的配合面内有杂质 ⑤密封圈损坏	①更换衬套密封圈 ②重新安装,使活塞杆不受偏心负荷 ③更换活塞杆 ④除去杂质,安装防尘盖 ⑤更换密封圈
内泄漏:活塞两端窜气	①活塞密封圈损坏 ②润滑不良 ③活塞被卡住 ④活塞配合面有缺陷,杂质挤入密封面	①更换活塞密封圈 ②调节或更换油雾器 ③重新安装,使活塞杆不受偏心负荷 ④缺陷严重者更换零件,除去杂质
输出力不足,动作不平稳	①润滑不良 ②活塞或活塞杆卡住 ③气缸体内表面有锈蚀或缺陷 ④进入了冷凝水、杂质	①调节或更换油雾器 ②检查安装情况,消除偏心 ③视缺陷大小再确定排除故障的方法 ④加强对空气过滤器和除油器的管理,定期排放污水
缓冲效果不好	①缓冲部分的密封圈密封性能差 ②调节螺钉损坏 ③气缸速度太快	①更换密封圈 ②更换调节螺钉 ③检查缓冲机构的结构是否合适
损伤:活塞杆折断;端盖损坏	①有偏心负荷 ②摆动气缸安装轴销的摆动面与负荷摆动面不一致 ③摆动轴销的摆动角过大,负荷很大,摆动速度又快,有冲击装置的冲击加到活塞杆上,活塞杆承受负荷的冲击,气缸的速度太快 ④没有缓冲装置	①调整安装装置,消除偏心,使轴销摆角一致 ②确定合理的摆动角度 ③冲击不得加在活塞杆上,设置缓冲装置 ④在外部或回路中设置缓冲装置

2.6　气动控制元件

在气动系统中，气动控制元件是用来控制和调节压缩空气的压力、流量和方向的阀类，使气动执行元件获得要求的力、动作速度和改变运动方向，并按规定的程序工作。

2.6.1　气动控制元件的分类及特性

（1）气动控制元件的分类　按功能可分为压力控制阀、流量控制阀、方向控制阀、逻辑功能阀；按控制方式可分为开关控制阀、连续控制阀；按结构可分为截止式控制阀、滑柱式控制阀。

（2）气动控制元件的特性　控制阀包括阀芯、阀体、操作控制机构。控制阀结构特性是通过操作调节机构，带动阀芯在阀体内运动；改变阀芯和阀体孔口作用面积，控制气体通断、压力、流量。

（3）控制阀典型结构　截止式控制阀主要结构及工作原理如图 2-16 所示。阀芯沿阀座轴向运动，其阀径大于通道直径，对阀门通道起开关作用，控制进气和出气。该类阀用于手动操作时，多为小通径规格的阀，对于大流量或高压情况时往往采用先导式控制。

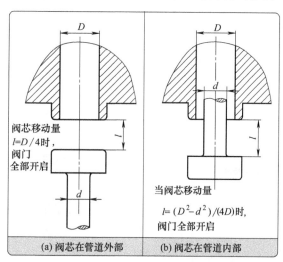

图 2-16　截止式控制阀主要结构及工作原理

2.6.2　方向控制元件

（1）方向控制阀分类　气动方向控制阀与液压方向控制阀作用相似，是用来改变气流流动方向或通断的控制阀。方向控制阀的分类见表 2-30。

表 2-30　方向控制阀的分类

分类方式	种类及特点		
按阀内气流流动方向	换向阀		能改变气流流动方向
	单向型阀		气流只能沿一个方向流动
按控制方式	电磁式		利用电磁力使阀换向(直动、先导)，通径大为先导式结构
	气控式		利用气压信号使阀改变输出状态(加压、卸压、差压和延时控制)
	人力式		利用人力来操纵阀(手动、脚踏方式)
	机械式		利用执行机构或其他机构的机械运动操纵阀杆使阀换向(直动、杠杆滚轮、可通过式)
按动作方式	直动式		电磁、气控、人力、机械为直动式，通径较小，常用于小流量控制或先导阀芯
	先导式	内部	由先导阀和主阀组成，依靠先导阀输出气压力，通过控制活塞推动主阀芯换向，通径大
		外部	
按切换通口数目	二通		阀的切换通口包括入口、出口和排气口，但不包括控制口
	三通		
	四通		
	五通		

分类方式		种类及特点
按阀芯工作位置	二位	工作位置表明阀芯在阀内的切换状态,实现换向阀各通口之间的通路连接。静态位置(即未加控制信号)称为零位
	三位	
按控制信号数	单控式	一个工作位置由控制信号获得,另一个靠其他外力获得(称复位式)
	双控式	有两个控制信号,两个阀位分别由一个控制信号获得(称为记忆阀)
按阀芯结构	截止式	用很小的移动量就可以使阀完全开启,阀的流通能力强,密封性好、泄漏小;换向阻力损失小,对过滤精度要求不高;因背压的存在,换向力较大,冲击力较大,也影响换向频率的提高
	滑柱式	阀芯行程长,即阀门达到完全开启所需时间长;切换时,不承受背压阻力,所以换向力小、动作灵敏;由于结构的对称性,静止时气压保持轴向力平衡,容易做到有记忆功能;通用性强,易设计成多位多通阀;阀芯对介质比较敏感,对气动系统的过滤、润滑、维护要求较高
按连接方式	管式连接、板式连接、法兰连接、集成式连接	
按密封形式	弹性密封	为软质密封,各工作腔间用合成橡胶材料制成的密封圈密封。对阀芯、阀套制造精度及对工作介质的过滤精度要求低一些,基本无泄漏,但滑动阻力比间隙密封大,切换频率不高,使用时要注意润滑及避免环境温度过高(一般为 50~70℃)
	间隙密封	为硬质密封,靠阀芯与阀套内孔之间很小的间隙(2~5μm)来维持密封。因密封间隙很小,所以对元件制造精度要求高,对工作介质中的杂质敏感,要求气源过滤精度高于 5μm。在气源质量有保证的前提下,其阀芯滑动阻力小,换向灵敏,动作频率高,使用寿命长,但存在微小泄漏
按流通能力[常用 C_v 值(流速系数)表示流通能力]	按阀的名义通径或连接口径,能准确反映阀的流通能力	

(2)换向阀图形符号 见表 2-31。

表 2-31　换向阀图形符号

项目	二位	三位			
		中位封闭式	中位泄压式	中位加压式	中位止回式
二通					
三通					
四通					
五通					

通口既可用数字表示,也可用字母表示。表 2-32 列出了两种表示方法的比较。

表 2-32 数字和字母两种表示方法比较

通口	数字表示	字母表示	通口	数字表示	字母表示
输入口	1	P	排气口	5	R
输出口	2	A	输出信号清零	(10)	(Z)
排气口	3	S	控制口(1、2接通)	12	Y
输出口	4	B	控制口(1、4接通)	14	Z

（3）换向阀的结构及工作原理

① 气控换向阀　靠外加的气压力使阀换向,外加的气压力称为控制压力。气控换向阀工作原理如图 2-17 所示。

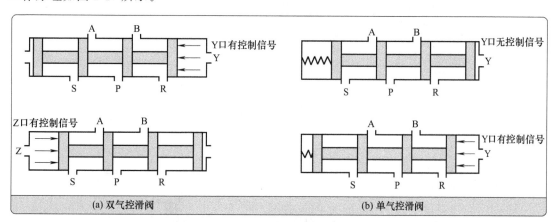

图 2-17　气控换向阀工作原理

> 　　单控式气控阀靠弹簧力复位。对双控式或气压复位的气控阀,如果阀两边气压控制腔所作用的操作活塞面积存在差别,导致在相同控制压力同时作用下驱动阀芯的力不相等,而使阀换向,则该阀为差压控制阀。气控换向阀为纵向滑板阀时利用滑柱的移动带动滑板来接通或断开各通口。滑板靠气压或弹簧压向阀座,能自动调节。这种阀的滑板即使产生磨耗,也能保证有效的密封。

　　气控换向阀职能符号如图 2-18 所示。

　　气控换向阀应用如图 2-19 所示。气控换向阀在其控制压力到控制腔的气路上常接一个单向节流阀,和固定气室组成延时环节构成延时阀,延时时间可通过调节节流阀开口大小来调整。

② 电磁换向阀　是气动控制元件中最主要的元件。电磁换向阀按动作方式分为直动式、先导式;按密封形式分为间隙密封、弹性密封;按所用电源分为直流、交流。

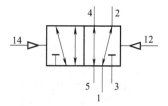

图 2-18　气控换向阀职能符号

　　直动式电磁换向阀又可分为单电控和双电控,单电控直动式电磁换向阀如图 2-20 所示。直动式电磁换向阀是利用电磁力直接驱动阀芯换向的,属于小尺寸阀,电磁力可直接吸引柱塞,从而使阀芯换向。直动式电磁阀的特点是结构简单、紧凑,换向频率高;当用于交流电磁铁时,如果阀杆卡死线圈易烧坏;阀杆换向行程受电磁铁吸合行程的控制,只适用于小型阀;如果要利用直动式电磁铁控制大流量空气,阀的体积必须大,电磁铁也要加大才能吸引柱塞,而体积和电耗都增大会带来不经济的问题。

　　先导式电磁阀是由小型直动式电磁阀和大型气控换向阀组合构成的。它是利用直动式电磁阀输出先导气压再推动主阀芯换向,该阀的电控部分又称为电磁先导阀,如图2-21所示。

图 2-21（a）所示为电磁线圈断电状态，主阀控制端处于排气状态，主阀 A 口和 S 口相通；图 2-21（b）所示为电磁线圈通电状态，主阀控制端进气，阀芯受压，主阀阀芯动作，P 口和 A 口相通。

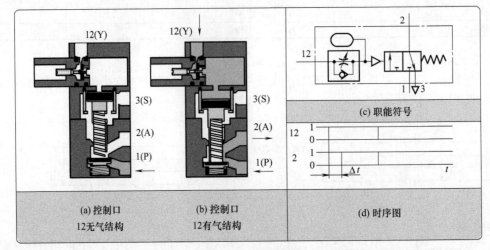

图 2-19　常闭式延时阀

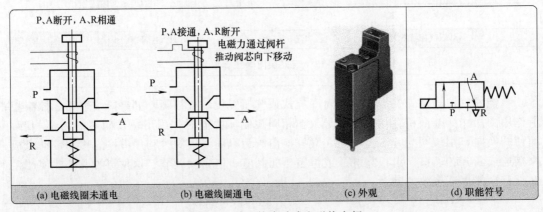

图 2-20　单电控直动式电磁换向阀

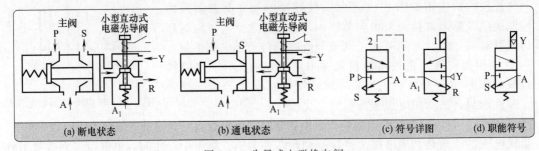

图 2-21　先导式电磁换向阀

先导式双电控电磁换向阀如图 2-22 所示。

③ 人力控制换向阀　靠手或脚使阀芯换向的阀称为人力控制换向阀。通常人力控制换向阀为旋转滑轴阀，利用两个盘片使各个通路互相连接或分开，主要有二位四通阀或三位四通阀。图 2-23 所示为中位 O 型人力控制三位四通换向阀。手动阀和机控阀常用来产生气动信号，用于系统控制，但其操作频率不能太高。

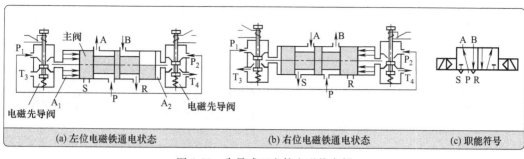

| (a)左位电磁铁通电状态 | (b)右位电磁铁通电状态 | (c)职能符号 |

图 2-22 先导式双电控电磁换向阀

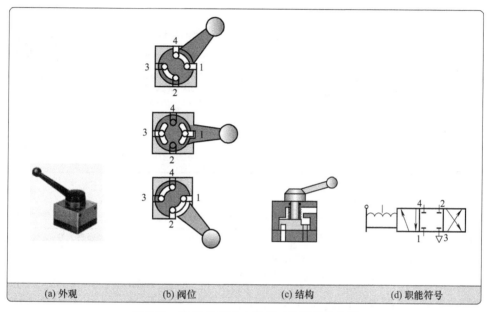

| (a)外观 | (b)阀位 | (c)结构 | (d)职能符号 |

图 2-23 中位 O 型人力控制三位四通换向阀

（4）单向型方向阀 有单向阀、梭阀、双压阀和快速排气阀等，见表 2-33。

表 2-33 单向型方向阀的功能、原理、结构及职能符号

名称	功能及原理	结构	外观及职能符号
单向阀	气流只能向一个方向流动而不能反向流动，且压降较小。单向阻流作用可由锥密封、球密封、圆盘密封或膜片来实现	1(P) ➡ ➡ 2(A) 正向通流 利用弹簧力将阀芯顶在阀座上，故压缩空气要通过单向阀时必须先克服弹簧力	
梭阀	其作用主要在于选择信号，相当于或门逻辑功能。1 口中任何一个有信号输入，2 口都有输出。若两个 1 口都有信号输入，则先加入的一侧（当两边输入时）或信号压力高的一侧的气信号通过 2 口输出，另一侧被堵死	$s(2)$ $a(1)$ $b(1)$ 可用于手动和自动操作的选择回路。$s=a+b$	

名称	功能及原理	结构	外观及职能符号
双压阀	其作用相当于与门逻辑功能；只有当两个输入都进气时，2口才有输出；当两个1口输入的气压不等时，气压低的通过2口输出	$s(2)$ 输出口 $a(1)$ 输入口 $b(1)$ 输入口 常用在安全互锁控制、安全控制、功能检查或逻辑操作回路中。$s=a\cdot b$	
快速排气阀	当进口压力下降到一定值时，出口有压气体自动从排气口迅速排气。气缸的排气不通过较长的管路和换向阀，而直接由快速排气阀排出，通口流通面积大，排气阻力小	大排放口S(3) A(2) P(1) 用于气缸或其他元件需要快速排气的场合	

（5）方向控制阀的选用 见表 2-34 所示。

表 2-34 方向控制阀的选用

选用参数	选用原则	选用参数项目和数值
阀的通径	根据气缸在工作压力(0.5MPa)状态下的流量值来选取。所选用的阀的流量应略大于系统所需的流量 特别注意，阀的接管螺纹并不能代表阀的通径信号阀(如手动按钮)是根据它距所控制阀的远近、数量和响应时间要求来选择	集中控制或距离在20m以内的场合，可选3mm通径；距离在20m以上或控制数量较多的场合，可选6mm通径
阀的机能和结构	根据气动系统的工作要求和使用条件选用	位置数、通路数、记忆功能、静止时通断状态
阀的控制方式	根据控制要求	
阀的适用范围	根据现场使用条件选择	气源压力大小、电源条件(交直流、电压大小等)、介质温度、环境温度、是否需要油雾润滑
阀的性能	根据气动系统工作要求	最低工作压力、最低控制压力、响应时间、气密性、寿命及可靠性
阀的安装方式	根据实际情况选择。从安装维修方面考虑板式连接较好	对集中控制的气动控制系统优先选用板式安装；管式安装方式的阀占用空间小，也可以集中安装
选用标准化产品	尽量减少阀的种类，便于供货、安装及维护	避免采用专用阀

2.6.3 流量控制元件

　　流量控制阀是通过改变阀的通流面积来实现流量（或流速）控制的元件。流量控制阀包括节流阀、单向节流阀、排气消声节流阀等。

（1）流量控制阀的功能、原理、结构及职能符号　见表2-35。

表2-35　流量控制阀的功能、原理、结构及职能符号

名称	功能及原理	结构	外观及职能符号
节流阀	依靠改变阀的通流面积来调节流量。要求节流阀对流量的调节范围宽，能进行微小流量的调节，调节精确，性能稳定，阀芯开度与通过的流量成正比 调节螺钉可调节节流阀的开口度（无级调节），并可保持其开口度不变	调节螺钉 可调节流阀常用于调节气缸活塞运动速度，有双向节流作用	
单向节流阀	当气流沿着一个方向，由P→A流动时，经过节流阀节流；旁路的单向阀关闭，在相反方向上（A→P）气流可以通过开启的单向阀自由流过	针式节流阀 单向阀 P　　　　　A 常用于气缸的速度控制	
排气消声节流阀	只能安装在元件的排气口处，常带有消声器以减小排气噪声，并能防止环境中的粉尘通过排气口污染元件。调节范围为管道流量的20%～30%。对于要求能在较宽范围内进行速度控制的场合，可采用单向阀开度可调的速度控制阀	消声套 节流口 用来调节执行器排入大气的气体流量，以改变气动执行机构的速度	

（2）流量控制阀的选用

① 根据气动装置或气动执行元件的进、排气口通径来选择。

② 根据所控制气缸的缸径和缸速，计算流量调节范围，然后从样本上查节流特性曲线，选择流量控制阀的规格。用流量控制的方法控制气缸的速度，因为受空气的压缩性及气阻力的影响，一般气缸的运动速度不得低于30mm/s。

2.6.4　压力控制元件

调节和控制压力大小的气动元件称为压力控制阀，包括减压阀（调压阀）、溢流阀（安全阀）、顺序阀、压力比例阀、增压阀及多功能组合阀等。

（1）压力控制阀的使用规则　当输入压力在一定范围内改变时，压力控制阀能保持输出压力不变。压力控制阀的使用规则见表2-36。

表2-36　压力控制阀的使用规则

元件名称	使用规则	实例
溢流阀（安全阀）	当管路中的压力超过允许压力时，保证系统的工作安全，实现自动溢流排气，使系统压力下降	例如储气罐顶部必须安装溢流阀

元件名称	使用规则	实例
顺序阀	气动装置中不便安装行程阀,要依据气压的大小来控制两个以上的气动执行机构的顺序动作时	例如气动打印机顺序动作
减压阀(调压阀)	一个空压站输出的压缩空气通常可供多台气动装置使用。空压站输出的气体压力高于每台气动装置所需的压力,且压力波动较大。每台气动装置的供气压力都需要减压阀来减压,并保持供气压力稳定	气动测量(低压系统)除用减压阀降低压力外,还需要用精密减压阀(或定值器)以获得更稳定的供气压力

(2)压力控制阀的功能、原理、结构及职能符号 见表 2-37。

表 2-37 压力控制阀的功能、原理、结构及职能符号

名称	功能及原理	结构	外观及职能符号
减压阀(调压阀)	将空压站输出的空气压力减到适当值,以适应各种设备,非平衡活塞直动式减压阀,阀杆下部为一次侧压力。当一次侧压力及设定压力变化时,阀杆自身所受气压力便出现变化,与原来的弹簧力失去平衡,故压力特性不好	手轮 排气孔 调节杆 螺母 调节弹簧 上阀体 活塞 密封圈 下阀体 阀杆 输入 输出 复位弹簧 弹簧座 受压部分有效面积大,活塞存在滑动阻力,通常为小通径阀	
溢流阀(安全阀)	当系统中气体压力在调定范围内时,作用在活塞上的压力小于弹簧的力,活塞关闭阀口,安全阀处于关闭状态。反之,阀芯开启,压缩空气从P口到R口排气,直到系统压力降至调定范围,活塞又重新关闭阀口 开启压力的大小与弹簧的预压缩量有关	调整手轮 调压弹簧 活塞阀芯 R P P 关闭状态 开启状态 在系统中起过压保护作用	P ▢ R
单向顺序阀	是靠回路中的压力变化来控制气缸顺序动作的。只有达到需要的操作压力后,顺序阀才有气信号输出。当压缩空气进入腔1后,作用在活塞上的力大于弹簧力时,将活塞顶起,压缩空气从P口经腔1、腔2到A口,然后输出到气缸或气控换向阀。当切换气源,压缩空气从A口流向P口时,顺序阀关闭,此时腔2内的压力高于腔1内压力,在压差作用下,打开单向阀,反向的压缩空气从A口到S口排出	调节手轮 弹簧 活塞 工作腔1 A 单向阀 工作腔2 开启状态 P S A 关闭状态 活塞 工作腔2 单向阀 A 工作腔1 P(S) 顺序阀通常安装在需要特定压力的场合,完成某一操作	P ▢ A (S) A(2) Y(12) P(1) S(3)

2.7　真空元件

在低于大气压环境中工作的元件称为真空元件，由真空元件所组成的系统称为真空系统。真空系统易于实现自动化，系统的真空是依靠真空发生装置产生的。真空发生装置的种类见表 2-38，真空系统应用见表 2-39。

表 2-38　真空发生装置的种类

种类	工作原理	使用场所
真空泵	吸入口形成负压、排气口通大气,压力比很大	连续大流量、集中使用,不宜频繁启、停
真空发生器	利用压缩空气的流动形成一定的真空度	流量不大的间歇工作

表 2-39　真空系统应用

应用行业	印刷,塑料制品,轻工,食品,医疗	纸张检测、运输,塑料制品的真空成型
机械设备	自动搬运、机械手、包装机械	玻璃搬运、装箱,精密零件的输送,电子产品的加工、运输、装配等作业,机械手抓取,包装纸吸附、送标、贴标、包装袋的开启

2.7.1　真空发生器

（1）带消声器的真空发生器　如图 2-24 所示，根据喷射器原理产生真空。当压缩空气从进气口 P（1）流向排气口 S（3）时，在真空口 U（1V）上产生真空。吸盘与真空口连接。如在进气口无压缩空气，则抽真空过程停止。

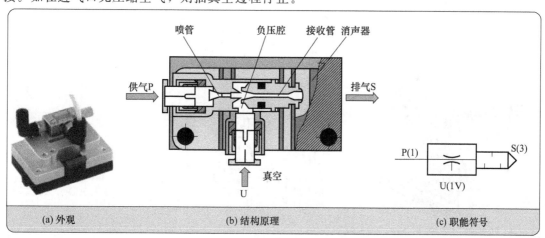

图 2-24　带消声器的真空发生器

（2）真空发生器的特点　结构简单，体积小，使用寿命长；产生的真空度（负压力）可达 88kPa，吸入流量不大，但可控、可调、稳定、可靠；瞬时开关特性好，无残余负压。

2.7.2　真空吸盘

真空吸盘是直接吸吊物体的元件，是真空系统中的执行元件。吸盘通常是由橡胶材料和金属骨架压制而成的。制造吸盘的材料通常有丁腈橡胶、聚氨酯橡胶和硅橡胶等，其中硅橡胶适用于食品行业。常用真空吸盘如图 2-25 所示。圆形平吸盘适合吸表面平整的工件。波纹吸盘采用风箱型结构适合吸表面突出的工件。吸盘依靠螺纹直接与真空发生器或真空安全阀、真空负压气缸相连。

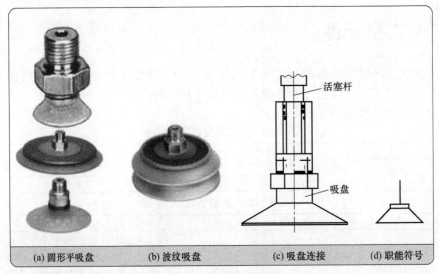

| (a) 圆形平吸盘 | (b) 波纹吸盘 | (c) 吸盘连接 | (d) 职能符号 |

图 2-25　常用真空吸盘

2.7.3　真空顺序阀

如真空顺序阀（或称真空控制阀）的作用是变化真空信号（用于负压控制），其结构原理与压力顺序阀基本相同。真空顺序阀如图 2-26 所示。真空顺序阀的控制口 U 上的真空达到设定值时，二位三通换向阀换向。

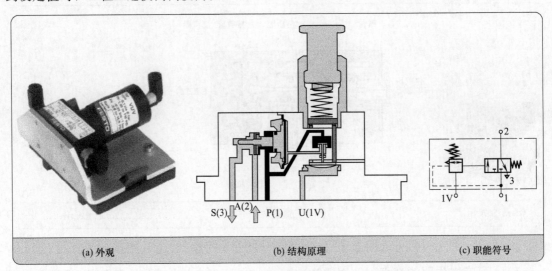

| (a) 外观 | (b) 结构原理 | (c) 职能符号 |

图 2-26　真空顺序阀

2.8　气动逻辑元件

气动逻辑元件以压缩空气为介质，在气控信号作用下，元件的可动部件动作，改变气体流动方向，实现逻辑功能。

2.8.1　气动逻辑元件的分类

气动逻辑元件的分类见表2-40。

表 2-40　气动逻辑元件的分类

分类方式	类　　型		
工作压力	高压元件(0.2～0.8MPa);低压元件(0.02～0.2MPa);微压元件(＜0.02MPa)		
结构形式	截止式	膜片式	滑阀式
逻辑功能	或门;与门;是门;非门(禁门);或非门;双稳元件		

2.8.2　气动逻辑元件的特点

① 元件流道孔道较大,抗污染能力较强（射流元件除外）。
② 元件无功耗气量低。
③ 带负载能力强。
④ 连接、匹配方便简单,调试容易,抗恶劣工作环境能力强。
⑤ 运算速度较慢,在强烈冲击和振动条件下,可能出现误动作。

2.8.3　气动逻辑元件的使用要求及原则

气动逻辑元件的使用要求及原则见表2-41。

表 2-41　气动逻辑元件的使用要求及原则

使用要求	使用原则
气动逻辑元件对气源的处理要求较低	一般情况下对气源净化的要求低,所使用的气源经过常用的 QTY 型减压阀和 QSL 型分水过滤器就可以
元件不需要润滑	由于元件内有橡胶膜片,要注意把逻辑控制系统用的气源同需要润滑的气动控制阀和气缸的气体介质分开
使用逻辑元件要注意连接管路的气密性	要特别注意元件之间连接的管路密封,不得有漏气现象,否则,大量的漏气将引起压力下降,可能使元件动作失灵
逻辑元件在安装使用前要按说明书试验逻辑功能	元件接通气源后,排气孔不应有严重的漏气现象,否则,拆开元件进行修整,或调换元件
注意连接与门元件的正常使用	使用中若发现同与门元件相连的元件出现误动作,应检查与门元件中的弹簧是否折断,或者弹簧是否太软
元件的安装可采用安装底板,底板下面有管接头,元件之间用塑料管连接	为了连接线路的美观、整齐,像电子线路中的印制电路板一样,气动逻辑元件也能用集成气路板安装,元件之间的连接已在气路板内实现,外部只有一些连接用的管接头
	集成气路板可用几层有机玻璃板黏合,或者用金属铅板和耐油橡胶材料构成
串联连接逻辑元件保证足够流量	逻辑元件要相互串联时,一定要保证有足够的流量,否则可能无力推动下一级元件
尽量将元件集中布置	无论采用截止式还是膜片式高压逻辑元件,都要尽量将元件集中布置,以便于集中管理
输入和输出元件安装距离不能超过几十米	由于信号的传输有一定的延时,信号的发出点与接收点之间不能相距太远。一般来说,最好不超过几十米
压力、流量及相应时间在系统设计时需严格选取	气动逻辑控制系统所用气源的压力变化必须保障逻辑元件正常工作需要的气压和输出端切换时所需的切换压力;逻辑元件的输出流量可根据系统要求参照有关资料选取;响应时间可根据系统要求参照有关资料选取

2.8.4 高压截止式逻辑元件

（1）高压截止式逻辑元件的控制原理　高压截止式逻辑元件依靠控制气压和膜片变形，推动阀芯动作，改变气流流动方向，实现一定的逻辑功能。

（2）高压截止式逻辑元件的特点　行程小，流量大，工作压力高，对气源净化要求低，便于实现集成安装和集中控制，拆卸方便。

（3）典型高压截止式逻辑元件的结构原理

① 或门元件　如图 2-27 所示，a、b 为输入信号，s 为输出信号。仅当有输入信号 a 时，阀芯信号输出口下移，封住另一信号输入口，气流经信号输出口输出；仅当有输入信号 b 时，阀芯上移，封住另一信号输入口，信号输出口也有信号输出；输入信号 a、b 均有，阀芯在两个信号作用下或上移，或下移，或暂时保持中位，信号输出口均会有信号输出。

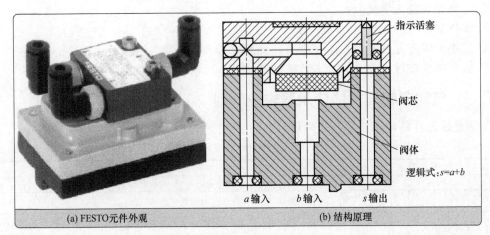

图 2-27　或门元件

② 是门和与门元件　如图 2-28 所示，无输入信号 a 时，在气源和弹簧力作用下，阀口关闭，无输出信号 s；有输入信号 a 时，信号气压作用在膜片上，压迫阀杆和阀芯向下运

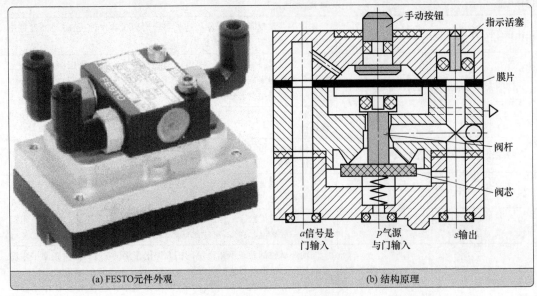

图 2-28　是门和与门元件

动，阀口开启，有输出信号 s。逻辑式：$s=a$。指示活塞可以显示输出信号 s。当气源口有输入信号 p 时，为与门元件。逻辑式：$s=a \cdot p$。

③ 非门和禁门元件　如图 2-29 所示，当无输入信号 a 时，气源口压力将阀芯和阀杆推至上端极限位置，阀口打开，有输出信号 s；当有输入信号 a 时，膜片在信号压力作用下使阀芯和阀杆下移将阀口堵死，无输出信号 s；若将气源口作为输入口，为禁门元件，无输入信号 a 时，$s=b$，有输入信号 a 时，无论有无输入信号 b，均无输出信号 s，说明信号 a 对信号 b 有制约作用。手动按钮和指示活塞是指示输出信号 s 的。

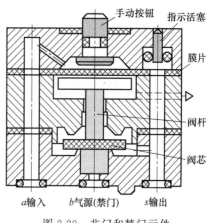

图 2-29　非门和禁门元件

④ 双稳元件　如图 2-30 所示，当有输入信号 a 时，阀芯处于右极限位置，P 口与信号 s_1 输出口通，T 口与信号 s_2 输出口通，即有信号 s_1 输出，信号 a 取消后，阀芯保持原位不变，不改变输出信号 s_1 的状态。当有输入信号 b 时，阀芯处于左极限位置，这时有输出信号 s_2，无输出信号 s_1，信号 b 取消后，这种输出状态不变。注意，信号 a 和 b 只能分别输入，不能同时输入。双稳元件在未加控制信号的条件下接通气源时，初始状态随机，系统易误动作。为消除此缺陷，可在控制口加一脉冲信号（手动按钮实现手动输入信号）使初始状态的输出符合工作要求。

⑤ 或非元件　如图 2-31 所示，当输入信号 a、b、c 均无时，阀芯在气源压力作用下处于上限位，有输出信号 s；a、b、c 中只要有一个输入信号，信号气压作用在膜片上，使阀杆和阀芯下移将阀口封死，就无输出信号 s。或非元件是一种多功能元件，利用这种元件可以组成或门、与门等多种逻辑元件。

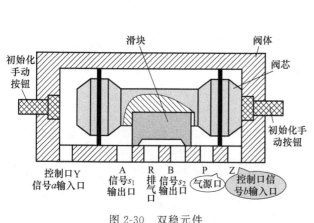

图 2-30　双稳元件

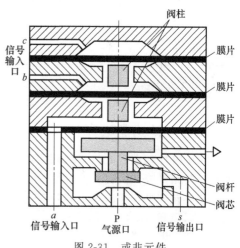

图 2-31　或非元件

（4）高压截止式逻辑元件逻辑关系　见表 2-42。

表 2-42　高压截止式逻辑元件逻辑关系

逻辑功能	或门	是门	与门	非门
逻辑函数	$s=a+b$	$s=a$	$s=a \cdot b$	$s=\bar{a}$
逻辑符号				

逻辑功能	或门			是门		与门			非门	
真值表	a	b	s	a	s	a	b	s	a	s
	0	0	0	0	0	0	0	0	0	1
	0	1	1	1	1	0	1	0	1	0
	1	0	1			1	0	0		
	1	1	1			1	1	1		

逻辑功能	禁门	或非	双稳
逻辑函数	$s=\bar{a}b$	$s=\overline{a+b+c}$	$s_1=k_b^a\cdot\dfrac{\bar{b}}{a}\,;\ s_2=k_a^b\cdot\dfrac{\bar{a}}{b}\,;$

逻辑符号:

禁门	或非	双稳

真值表:

禁门			或非				双稳			
a	b	s	a	b	c	s	a	b	s_1	s_2
0	0	0	0	0	0	1	1	0	1	0
0	1	1	1	0	0	0	0	0	1	0
1	0	0	0	1	0	0	0	1	0	1
1	1	0	0	0	1	0	0	0	0	1
			1	1	0	0				
			1	0	1	0				
			0	1	1	0				
			1	1	1	0				

（5）高压截止式逻辑元件特点和作用　见表 2-43。

表 2-43　高压截止式逻辑元件特点和作用

特　　点	作　　用
阀芯的行程短	可通过较大的流量
对气源污染情况要求低	可直接作为一般程序控制用逻辑系统元件
带有显示和手动装置	便于检查其工作情况和维修
可组合使用	由几个基本逻辑元件组合成一级标准单元,若干个标准单元构成逻辑控制器

2.8.5　其他逻辑元件

高压膜片式逻辑元件,是利用膜片式阀芯的变形来实现各种逻辑功能的。它最基本的单元是三门元件或四门元件。

三门元件是构成双稳等多种控制元件必不可少的组成部分,如图 2-32 所示。它由膜片

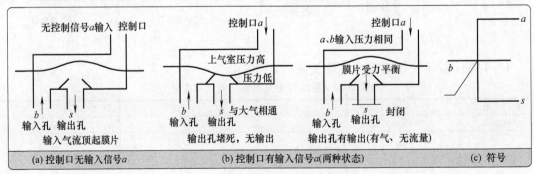

图 2-32　三门元件

和被分隔的两个气室构成，有三个孔道，即控制信号 a 孔道、输入信号 b 孔道、输出信号 s 孔道（做成凸起的阀口），故称为三门元件。

2.9　气动系统主要元件常见故障及排除方法

2.9.1　方向阀常见故障及排除方法

方向阀的常见故障及排除方法，见表 2-44 所示

表 2-44　方向阀常见故障及排除方法

故障	原因	排除方法
不能换向	①阀的滑动阻力大，润滑不良 ②O 形密封圈变形 ③粉尘卡住滑动部分 ④弹簧损坏 ⑤阀操纵力小 ⑥活塞密封圈磨损	①进行润滑 ②更换密封圈 ③清除粉尘 ④更换弹簧 ⑤检查阀操纵部分 ⑥更换密封圈
阀产生振动	①空气压力低(先导型) ②电源电压低(电磁阀)	①提高操纵压力，采用直动型 ②提高电源电压，使用低电压线圈
交流电磁铁有蜂鸣声	①Ⅰ形活动铁芯密封不良 ②粉尘进入Ⅰ、Ｔ形铁芯的滑动部分，使活动铁芯不能紧密接触 ③Ｔ形活动铁芯的铆钉脱落，铁芯叠层分开不能吸合 ④短路环损坏 ⑤电源电压低 ⑥外部导线拉得太紧	①检查铁芯接触和密封性，必要时更换铁芯组件 ②清除粉尘 ③更换活动铁芯 ④更换固定铁芯 ⑤提高电源电压 ⑥导线应足够长
电磁铁动作时间偏差大或有时不能动作	①活动铁芯锈蚀，不能移动；在湿度高的环境中使用气动元件时，由于密封不良而向铁磁部分泄漏空气 ②电源电压低 ③粉尘等进入活动铁芯的滑动部分，使运动受阻	①铁芯除锈，修理好对外部的密封 ②提高电源电压或使用符合电压要求的线圈 ③清除粉尘
线圈烧毁	①环境温度高 ②快速循环使用时 ③因为吸引时电流大，单位时间耗电多，温度升高，使绝缘损坏而短路 ④粉尘加在阀和铁芯之间，不能吸引活动铁芯 ⑤线圈上有残余电压	①按产品规定温度范围使用 ②使用高级电磁阀 ③使用气动逻辑回路 ④清除粉尘 ⑤使用正常电源电压，使用符合电压要求的线圈
切断电源，活动铁芯不能退回	粉尘进入活动铁芯滑动部分	清除粉尘

2.9.2　压力阀常见故障及排除方法

溢流阀和减压阀常见故障及排除方法　见表 2-45。

表 2-45　溢流阀和减压阀常见故障及排除方法

故障	原因	排除方法
压力虽上升,但不溢流	阀内部的孔堵塞或阀芯导向部分进入异物	清洗

故障	原因	排除方法
压力虽没有超过设定值，但在二次侧却溢出空气	①阀内进入异物 ②阀座损伤 ③调压弹簧损坏	①清洗 ②更换阀座 ③更换调压弹簧
溢流时产生振动（主要发生在膜片式阀，启闭压力差较小时）	①压力上升时速度很慢，溢流阀溢出流量多，引起阀振动 ②因从压力上升源到溢流阀之间被节流，阀前部压力上升慢而引起振动	①二次侧安装针阀微调溢流量，使其与压力上升量匹配 ②增大压力上升源到溢流阀的管道口径
从阀体和阀盖向外漏气	①膜片破裂（膜片式） ②密封件损坏	①更换膜片 ②更换密封件

2.10 气动元件应用典型实例

2.10.1 气动技术应用仿真软件介绍

FluidSIM-P 气动技术应用仿真软件可以为气动技术应用典型实例提供回路设计、系统仿真、性能测试等学习环节，FESTO DIDACTIC 训练设备可以为气动技术应用典型实例提供回路连接、调试等的教学模拟训练。它能利用软件和设备上训练不断完善学习环节，能帮助工程设计技术人员全面地、系统地、准确地掌握机-电-气等综合系统设计方法及正确设计符合实际生产的复杂电气-气动控制回路，缩短系统设计过程，提高系统设计的准确性，方便系统诊断与纠错，使所设计系统能有更大的自由度、更能贴近实际。

（1）FluidSIM-P 仿真软件简介 图 2-33 所示为软件图形界面。

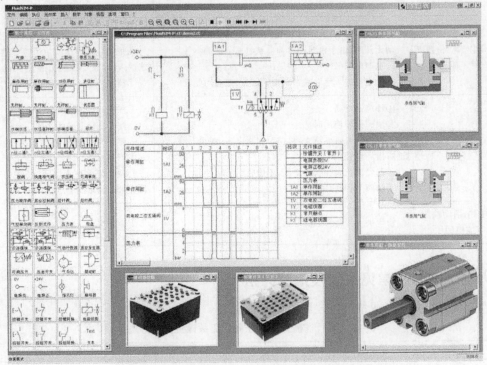

图 2-33 FluidSIM-P 仿真软件图形界面

FluidSIM-P 软件是用于气动技术的教学软件，既可与 FESTO DIDACTIC GmbH & Co
教学设备一起使用，也可以单独使用。

① FluidSIM 软件的主要特征　见表 2-46。

表 2-46　FluidSIM 软件的主要特征

主要特征	功能说明
与 CAD 功能和仿真功能紧密联系在一起	可以用 CAD 开发相应气动元件
符合 DIN 电气-气动回路图绘制标准，且可对基于元件物理模型的回路图进行实际仿真	使回路图绘制和相应气动系统仿真相一致
具有系统学习概念	可用于自学、教学和多媒体条件下的气动技术知识学习
多种气动元件描述方式	文本说明、图形以及介绍其工作原理的动画
气动元件在典型回路的作用讲授	采用各种练习和教学影片讲授
软件用户界面直观，易于学习	可以很快地学会绘制电气-气动回路图，并对其进行仿真

② 习惯用法　见表 2-47。

表 2-47　习惯用法

相关符号规定	习 惯 用 法
用户指令	用 ⇨ 标注
重要段落开始	用 ☞ 符号表示
工具条上的符号	用相应图标表示
菜单条	用方框表示
功能键	用相应键符表示
物理量计算值和显示值	压力(p)bar，MPa；流量(q)L/min；速度(v)m/s；力(F)N；开口度％；电压(U)V；电流(I)A

（2）仿真和新建回路图介绍　在程序/Festo Didactic 目录下，启动 FluidSIM 软件，
几秒钟后 FluidSIM 软件的主窗口显示在屏幕上，如图 2-34 所示，窗口左边显示 FluidSIM
软件的元件库，包括新建回路图所需的气动元件和电气元件。窗口顶部的菜单栏列出了仿真
和创建回路图所需的功能，工具栏给出了常用菜单功能。

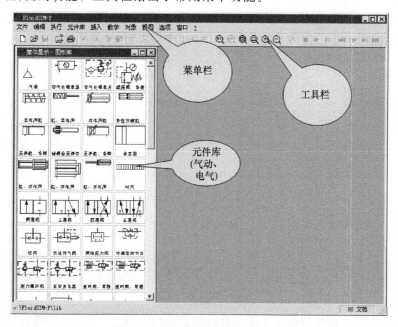

图 2-34　FluidSIM 软件的主窗口

① 工具栏的主要功能　见表 2-48。

表 2-48　工具栏的主要功能

序号	功　　能	图　标
1	新建、浏览、打开和保存回路图	
2	打印窗口内容,如回路图和元件图形	
3	编辑回路图	
4	调整软件位置	
5	显示网络	
6	缩放回路图、软件图片和其他窗口	
7	回路图检查	
8	仿真回路图,控制动画播放(基本功能)	
9	仿真回路图　控制动画播放(辅助功能)	

注：对于一个指定回路图而言，通常仅使用上述所列的几个功能。根据窗口内容、元件功能和相关属性（回路图设计、动画和回路图仿真），FluidSIM 软件可以识别所属功能，未用工具按钮变灰。

② 新建回路图（液压基本回路的建立）

a. 两种方式打开新建回路窗口。选择文件下拉菜单→选新建菜单栏；在状态栏中单击新建按钮，如图 2-35 所示。

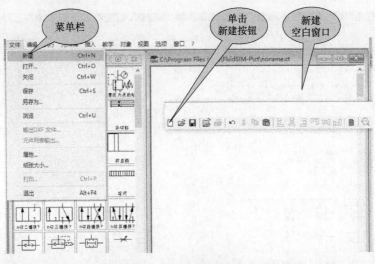

图 2-35　打开新建回路窗口

b. 选择元件库中的元件，组成气动基本回路。

ⅰ. 用户可以从元件库中将元件拖动并放置在绘图区域上。基本回路组成中的元件选择见表 2-49。

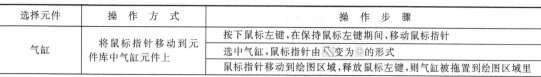

表 2-49　元件选择

选择元件	操　作　方　式	操　作　步　骤
气缸	将鼠标指针移动到元件库中气缸元件上	按下鼠标左键,在保持鼠标左键期间,移动鼠标指针
		选中气缸,鼠标指针由 ↖ 变为 ✥ 的形式
		鼠标指针移动到绘图区域,释放鼠标左键,则气缸被拖置到绘图区域里

　　重复上述方法,可以从元件库中拖动每个元件,并将其放置到绘图区域中的期望位置上,也可以重新布置绘图区域中的元件。拖拽:n 位四通阀、气动二联件、气源等元件

　　ⅱ. 按下列方式排列已选择的元件,如图 2-36 所示。

　　ⅲ. 为确定换向阀驱动方式,双击换向阀,弹出图 2-37 所示对话框。

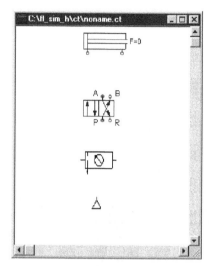

图 2-36　排列元件窗口

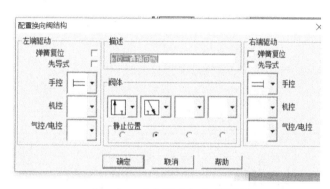

图 2-37　确定驱动方式对话框

　　ⅳ. 换向阀属性选择见表 2-50。

表 2-50　换向阀属性选择

属性选择	选　择　步　骤
左端/右端驱动	驱动方式:"手动""机控"或"气控/电控"。单击驱动方式下拉菜单右边向下箭头可以设置驱动方式,若不希望选择驱动方式,则应直接从驱动方式下拉菜单中选择空白符号。对于换向阀的每一端,都可以设置为"弹簧复位"或"先导式"
阀体	换向阀最多具有四个工作位置,对每个工作位置来说,都可以单独选择。单击阀体下拉菜单右边向下箭头并选择图形符号,就可以设置每个工作位置。若不希望选择工作位置,则应直接从阀体下拉菜单中选择空白符号
静止位置	该按钮用于定义换向阀的静止位置(有时也称为中位),静止位置是指换向阀不受任何驱动的工作位置。注意,只有当静止位置与弹簧复位设置一致时,静止位置定义才有效

　　ⅴ. 在两个选定的气口之间自动绘制气动管路,完成回路图的绘制,如图 2-38 (a) 所示。

　　ⅵ. 单击按钮 ▶（或在"执行"菜单下执行"启动"命令,或者启用功能键 F9）,气动回路仿真如图 2-38 (b) 所示。仿真期间,可以计算所有压力和流量,所有管路都被着色,气缸活塞杆伸出。

　　ⅶ. 停止仿真,用户处于编辑模式,从元件库中选择状态图,状态图记录了关键元件的状态量,并将其绘制成曲线,将状态图拖至绘图区域中的空位置,拖动气缸,将其放在状态图上。

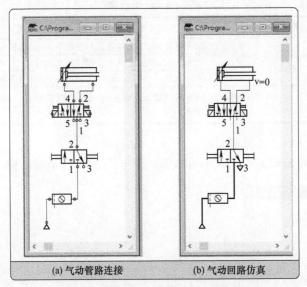

图 2-38　气动管线路绘制及仿真窗口

viii. 启动仿真，观察状态图，如图 2-39 所示。

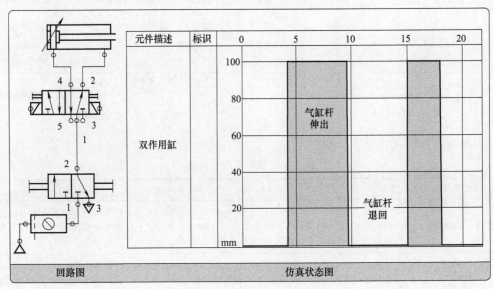

图 2-39　气动回路仿真状态图

ix. 在相同回路图中，可以使用几个状态图，且不同元件也可以共享同一个状态图。一旦把元件放在状态图上，其就包含在状态图中，若再次将元件放在状态图上，则状态图不接受。在状态图中，可以记录和显示的元件状态量见表 2-51。

表 2-51　记录状态图中状态量

元　　件	状　　态
气缸	位置
换向阀	位置
压力表	压力
压力阀或换向阀	状态
开关	状态

③ 辅助编辑功能和辅助仿真功能

a. 辅助编辑功能见表 2-52。

表 2-52　辅助编辑功能

辅助编辑功能	操 作 过 程
撤销、恢复编辑	单击按钮或在"编辑"菜单下执行"撤销"和"恢复"命令,可撤销最后处理的编辑步骤(FluidSIM 软件最多可撤销 128 个已处理的编辑步骤),可恢复先前的编辑步骤
选定多个元件	按下 Ctrl 键,可以改变选定元件状态,实现多个元件选定 使用橡皮条,按下并保持鼠标左键,激活选择对象方式,然后移动鼠标指针,释放鼠标左键,则由橡皮条所包含的元件都将被选定 在"编辑"菜单下执行"全选"命令,或按下 Ctrl＋A 键,可选定当前回路图中的所有元件和管路
鼠标右键	当单击鼠标右键时,可弹出相应快捷菜单。若鼠标指针位于元件或气接口上,则将选定该元件或气接口的快捷菜单
鼠标左键	在元件(或气接口)上,双击鼠标左键是下列两个操作的快捷键,即选定元件(或气接口)以及在"编辑"菜单下执行"属性"命令
复制　粘贴	单击复制按钮或在"编辑"菜单下执行"复制"命令,单击粘贴按钮或在"编辑"菜单下执行"粘贴"命令,该元件插入到回路图。还可以将剪切板中内容粘贴到另一个图形软件或文字处理软件中 在回路图内,通过保持 Shift 键,并采用鼠标指针移动选定元件,也可以完成复制操作
调整对象	可单击按钮或者在"编辑"菜单下执行"调整"命令选择几个元件对齐方式
旋转	选定元件可按 90°、180°或 270°旋转。对于每步按 90°旋转的单个元件来说,可由快捷键实现,即按下 Ctrl 键,并双击元件
删除管路	如果仅选定元件的气接口,则在"编辑"菜单下执行"删除"命令,或者按下 Del 键,可删除与其相连的管路,而不必选定管路
设置气管类型	每个管路都可以从标准管路(主管路)转变为特殊管路(控制管路)。在编辑模式下,双击管路,或选定管路,然后在"编辑"菜单下执行"属性"命令,就可弹出设定管路类型的对话框。控制管路以虚线表示。注意,除了管路线形不同外,改变管路类型并不影响仿真
设接口标识符、堵头和排气口	通过堵头可以关闭气接口。在 FluidSIM 软件中,当处于编辑模式下时,双击气接口可设定或删除堵头。气接口属性窗口如图 2-40 所示。气接口标识符:若单击"视图"菜单中"显示气接口标识符"命令,则在气接口上显示相应的标识符。显示物理量:在显示物理量对话框中,若选择了物理量,则显示物理量。气接口端部:堵头由垂直线表示,排气口由相应的 DIN 符号表示

b. 辅助仿真功能见表 2-53。

表 2-53　辅助仿真功能

辅助仿真功能	操 作 过 程
同时操作几个元件	在仿真期间,有时需要同时操作几个开关或换向阀。通过将这些元件设定为工作状态,FluidSIM 软件就可以进行仿真。当保持 Shift 键时,单击按钮或手动换向阀,其就变为工作状态,单击元件将释放工作状态
切换至编辑模式	若暂停仿真并将元件从元件库拖至回路图中,则 FluidSIM 软件自动切换到编辑模式
并行编辑和仿真	在 FluidSIM 软件中,可以同时打开几个回路图。可以对每个回路图进行仿真或编辑,这意味着仿真和编辑模式可分别独立地用于每个含有回路图的窗口,如图 2-41 所示

图 2-40 气接口属性窗口

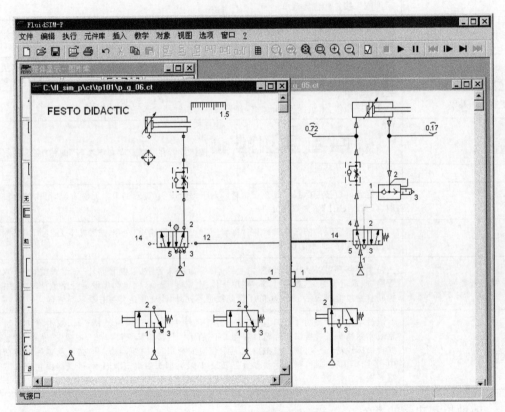

图 2-41 并行编辑和仿真窗口

④ 自动连接元件

a. 插入 T 形接头 当绘制已有管路与气接口之间的管路时，FluidSIM 软件自动插入 T 形接头，该功能可用于气管路和电缆。

b. 串联连接元件 为了实现复杂回路，常将步进模块串联连接。步进模块带标准气接口，其可以实现串联连接。FluidSIM 软件按下列形式仿真这种情况。将几个步进模块布置在绘图区域，并使其垂直对齐，且不分开，当相应的输入和输出气接口重叠时，FluidSIM 软件就会自动连接这些步进模块。若拖动移开步进模块，则其间连接将以直线形式出现，如图 2-42 所示。

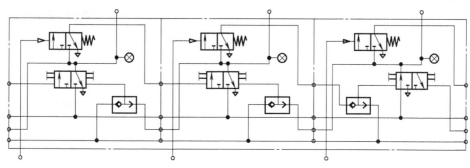

图 2-42　多元件串联连接

⑤ 显示物理量值

a. 在"视图"菜单下执行"物理量值"命令,弹出显示物理量对话框,如图 2-43 所示。

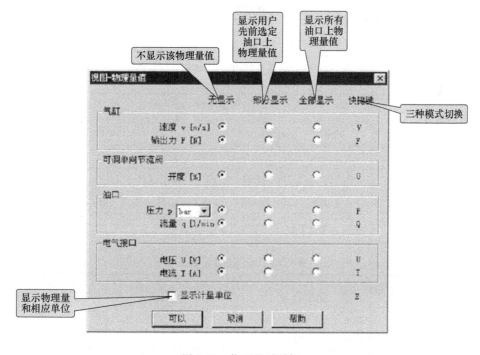

图 2-43　物理量对话框

b. 进入编辑模式,双击元件气接口,或者在"编辑"菜单下执行"属性"命令,弹出气接口属性设置对话框,如图 2-44 所示。一旦选择了物理量,显示值区域就定义了将要显示的物理量值。在油口设置对话框中,若没有选择物理量,则不会显示所计算的物理量值。

c. 物理量显示特征。矢量由带方向的绝对值表示。在回路图内,为了指示方向,采用了"+"和"-"符号,"+"号表示流入或流向元件,"-"号则表示流出或离开元件。指示方向也可以采用箭头。FluidSIM 软件采用上述两种方向指示方法。

⑥ 显示状态图　处于编辑模式,在"编辑"菜单下执行"属性"命令,弹出如图 2-45 所示对话框,对话框描述见表 2-54。

⑦ 回路图检查　启动仿真之前,可以检查回路图,以查看其是否正确。回路图常见错误见表 2-55。

⑧ 气动、电气和液压结合

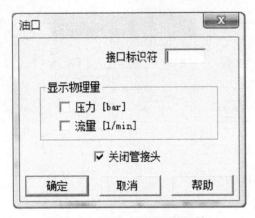

图 2-44 气接口属性设置对话框

图 2-45 状态图窗口

表 2-54 状态图对话框描述

对话框项目	项 目 描 述
显示时间区间	记录状态值的起始时间和停止时间的整个仿真过程中的状态值,仿真后再设置时间区域。若使用"自动调节"选项,可忽略时间区间边界。可放大时间轴,显示整个仿真时间
记事文件	将状态值写入一个文件。为使用该选项,应输入文件名的完整路径,并设置合理步长。由于步长小,因此将写入大量数据。若有必要,可缩短仿真时间区间或增加仿真步长。若使用"仅记录状态变化"选项,则 FluidSIM 软件只列出引起状态变化的状态值
颜色	定义回路图颜色。单击颜色下拉菜单右边向下箭头,并选定颜色,可设置回路颜色
填充区域	定义整个回路图或其框架是否采用规定颜色填充
图层	设置回路图图层。单击图层下拉菜单右边箭头,并选定图层。根据图层,回路图是不可见或不能选定的。在这种情况下,修改回路图之前,必须在"编辑"菜单下执行"图层"命令,以激活图层

表 2-55 回路图常见错误

序 号	错 误 项 目
1	对象在绘图区域外
2	管路或线路穿越元件
3	管路或线路重叠
4	元件重叠
5	气接口或未连接气接口重叠
6	气接口未关闭
7	元件标识符混淆
8	标签混淆
9	管路与气接口未连接

　　a. FluidSIM 软件不仅可以创建液压回路图,而且也可以创建电气回路图。选定元件库中电气元件,将其拖至绘图区域。

　　i. 电气元件与气动元件的连接方式相同。新建电气回路图如图 2-46 所示。

　　ii. 启动仿真,观察指示灯是否亮。

　　iii. 单击按钮■或在"编辑"菜单下执行"停止"命令,激活编辑模式。

　　b. 新建电气、气动和液压回路图如图 2-47 所示。

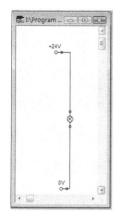

图 2-46　电气回路图

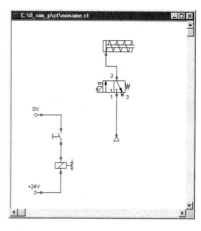

图 2-47　电气、气动和液压回路图

ⅰ. 双击电磁线圈，或选定电磁线圈，在"编辑"菜单下执行"属性"命令，弹出如图 2-48 所示对话框。在"标签"文本区域给出标签名，标签名最多含 32 个字符，由字母、数字和符号组成。键入标签名，如"1Y"。为电磁换向阀写标签：双击换向阀线圈，弹出对话框，键入"1Y"。为电磁线圈写标签：双击电磁线圈，弹出对话框，键入"1Y"。

图 2-48　电磁线圈属性对话框

ⅱ. 启动仿真。

ⅲ. 操作电气开关动作，换向阀换向，液压缸活塞杆伸出，如图 2-49 所示。

⑨ 驱动开关

a. 行程检测　由于行程开关、接近开关和机控阀都可由气缸驱动，因此应在气缸上使用标尺，以准确定位各种开关。

ⅰ. 将气缸和标尺拖至绘图区域。

ⅱ. 拖动标尺靠近气缸。当在气缸附近放下标尺时，其自动占据正确位置。轻微地移动气缸，标尺就会随气缸移动。如果移动气缸距离大于 1cm，则会破坏标尺与气缸之间的联系，标尺也不再随气缸移动。标尺正确位置取决于气缸类型，其既可以放置在气缸之上，也可以放置在气缸之前，或者同时放置在这两个位置上。

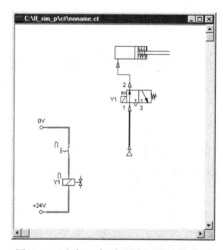

图 2-49　电气、气动和液压回路仿真图

ⅲ. 双击标尺，弹出如图 2-50 所示对话框。电气回路中对接近开关或行程开关的标签命名，由气缸驱动，定义接近开关或行程开关的精确位置。定义后标尺显示带对应标注的标签。液压缸活塞位移达到 35mm，则气缸将驱动标签为"1Y"的接近开关或行程开关动作，或驱动标签为"1Y"的机控阀动作。为了在电气回路和机控部分定义标签，可双击相应元件或机控部分。

b. 继电器。采用继电器可同时驱动多个触点，因此应将继电器与相应触点结合。在 FluidSIM 软件中，继电器也有标签，其按先前方式与继电器和触点结合。双击继电器，弹

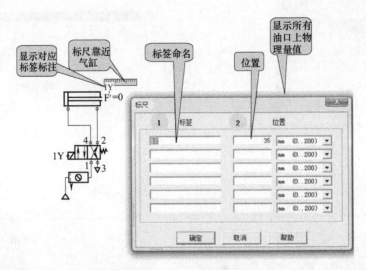

图 2-50　标尺对话框

出用于标签名的对话框。图 2-51 所示为一个继电器同时驱动常闭触点和常开触点的情况。

图 2-51　继电器线圈及触点

除了简单继电器外，还有通电延时继电器、断电延时继电器和计数器，如图 2-52 所示。这些继电器常用于达到预置时间或预置脉冲数后，驱动相应触点动作的场合。双击继电器，弹出继电器对话框，在此可以键入预置值。

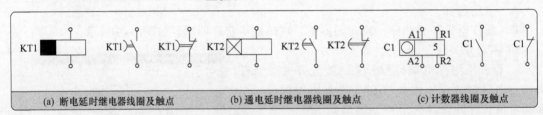

| (a) 断电延时继电器线圈及触点 | (b) 通电延时继电器线圈及触点 | (c) 计数器线圈及触点 |

图 2-52　时间继电器及计数器线圈及触点

⑩ 元件的可调参数　当处于编辑模式时，可设置元件参数。

⑪ 仿真设置

a. 仿真参数。在"选项"菜单下执行"仿真"命令，弹出设置仿真参数对话框，如图 2-53 所示。

对话框描述见表 2-56。

b. 声音参数。在"选项"菜单下，执行"声音"命令，弹出设置仿真参数的对话框，如图 2-54 所示。对于"使用声音"下面的每一种元件，都可以激活或撤销声音信号，如开关、继电器、控制阀和蜂鸣器。

c. 多媒体教学。FluidSIM 软件支持气动技术教学，这些知识以文本、图片、剖视图、练习和教学影片的形式给出。在"教学"菜单下，通过选定教学资料，可找到相应功能。选择当前窗口的元件，如图 2-55（a）所示，从主题列表中选择教学资料。在"教学"菜单下，"气动技术基础""工作原理"和"练习"三个命令构成了 FluidSIM 软件的教学资料，如图 2-55（b）所示。

图 2-53　仿真参数设置对话框

表 2-56　仿真参数设置对话框描述

对话框项目	项 目 描 述
缓慢运动系数	控制仿真是否比实际运动更慢。当缓慢运动系数为 1∶1 时,仿真按实际时间进行
活塞运动	通过设置"保持实时",FluidSIM 软件动画活塞就像其实际运动一样。因观察活塞实际运动通常需要高性能计算机,所以仍要考虑缓慢运动系数。设置"光滑"可使计算机能力达到最佳,其目的就是使运行仿真时不出现活塞爬行现象,因此活塞运动可以比实际更快或更慢
优先权	如果同时运行多个 Microsoft Windows6 应用软件,优先权定义 FluidSIM 软件相对于其他应用软件而言花费多少运算时间。高级优先权指 FluidSIM 软件将被最优先考虑。当独自运行 Fluid-SIM 软件,而没有其他应用软件时,该设置是无用的
管路颜色	在仿真期间,根据电气线路和气路管路状态,可改变其颜色。单击颜色列表右边向下箭头,并选定颜色,可以设置从状态到颜色的变换

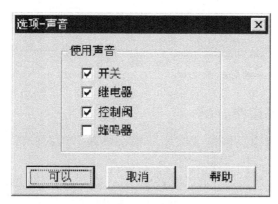

图 2-54　声音设置对话框

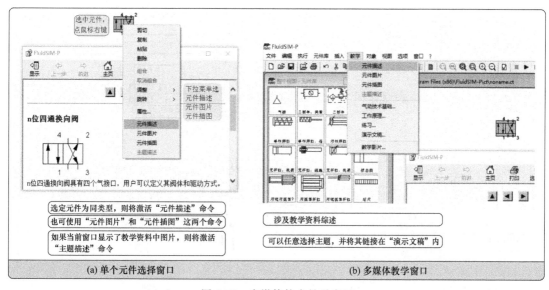

图 2-55　多媒体技术教学窗口

d. 气动技术基础　此命令含有介绍气动技术的图片、元件剖视图和回路图动画,对气动技术教学有帮助。这里,可以找到关于某些主题的信息,如图形符号表示法及其意义、指定元件动画和说明单个元件之间相互作用的简单回路图。在"教学"菜单下执行"气动技术基础"命令,弹出如图 2-56 所示对话框,同样,执行"工作原理"命令,弹出如图 2-57 所示对话框。

图 2-56 气动技术基础对话框

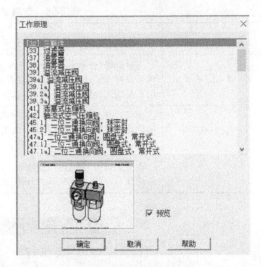

图 2-57 工作原理对话框

2.10.2 气动训练设备介绍

（1）气动系统的结构及信号流图　气动系统基本结构包括能源、输入元件（传感器）、处理机构（处理器）、执行机构（执行器）。

气动系统可以用一个分层信号流图来表示，每一层代表相应的硬件，总体过程一体控制路径，气信号流向是从信号（输入）端到工作（输出）端，如图 2-58 所示。

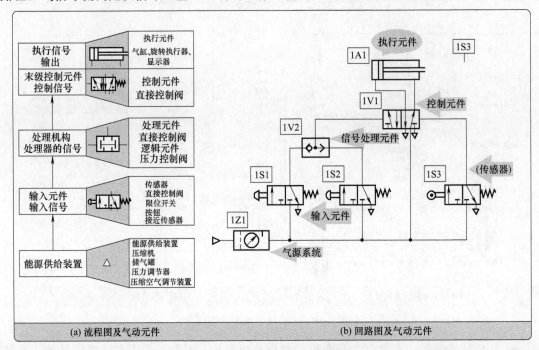

图 2-58　气动系统结构及信号流图

（2）压缩空气的产生与分配　在实际应用中，压缩空气必须有足够的压力，并且质量应满足一定的要求。压缩机将空气压缩至其体积的 1/7，然后输送到工厂的压缩空气分配系统。为了保证压缩空气的质量，在用于控制系统之前，必须经过压缩空气制备系统的净化处理。

压缩空气使用注意事项见表 2-57。如果压缩空气处理得当，则系统故障将大大减少。

表 2-57　压缩空气使用注意事项

序号	使用注意事项
1	压缩空气的质量必须满足系统的要求
2	根据所需要的压缩空气量选择压缩机的类型
3	压缩空气的存储
4	压缩空气的净化要求
5	为减少部件的腐蚀和阻塞现象,压缩空气的湿度需限制在允许的范围内
6	如果需要,应考虑润滑要求
7	压缩空气在低温情况下对系统的影响
8	气动元件的最大工作压力一般为 800~1000kPa(8~10bar),但实际使用中,工作压力最好为 500~600kPa(5~6bar),这样比较经济。由于分配系统中管道的压力损失,压缩机输出应在 650~700kPa(6.5~7bar),以保持额定的工作压力
9	管道长度和阀门尺寸是否符合要求
10	设备材料的选择及系统对环境的要求
11	压缩空气分配系统的疏水孔和排气口的设置
12	分配系统应合理布局

（3）气动系统控制原理及回路组成　如图 2-59 所示。

① 气动系统原理图及训练设备结构的表示方法　气动系统通过图形符号的平面图方式来表示每个元器件间相互联系。在回路图中，设备的组成元件按能量源流动方向排列：底部为能量供给部分；中部为能量控制部分；上部为执行部分。

② 气动系统原理图绘制与注释

a. 绘图时换向阀应尽可能画成水平方向，回路画成直线或分叉的。所有元器件必须以初始位置标出。

b. 绘图时元器件的位置如下。

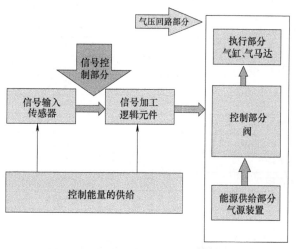

图 2-59　气动系统控制原理及回路组成

ⅰ. 静态位置：设备不具有能量，各部件不工作的情况下，可移动部分所处的位置。

ⅱ. 基本位置：能源加入后，各部件所处的固定位置。

ⅲ. 初始位置：各部件在工作开始时按要求所处的位置，它由启动预置。启动预置是从静态位置按要求到达初始位置所必经的一个步骤。

③ FESTO DIDACTIC 系列的气动训练装置技术参数及特点　气动训练装置（TP100）及电气、气动训练装置（TP200）可进行多种课题的培训，其最明显的特点就是结构设计合理。装置中包括移动式、固定式与单侧及双侧的气动训练台，为学员完成训练提供了一个整洁方便的操作环境，元器件的存储和取放因其配套元器件柜的设计而变得快速而准确。图 2-60 所示为 TP200 训练装置构成。

④ TP200 训练装置技术数据　见表 2-58。

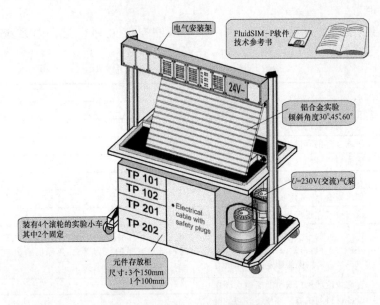

图 2-60　TP200 训练装置构成

表 2-58　TP200 训练装置技术数据

一般技术数据(气动元件)	
公称尺寸	1/8in(1in＝25.4mm)通径约为 4mm
工作压力	3~8bar(300~800kPa)
压缩空气接头	用于外径为 6mm 或 4mm 的塑料管的旋紧插头
元件固定	插入插件板上,固定在 T 形槽中
液压流体	矿物油 ISO VG22
逻辑元件	通径为 2.5mm
一般技术数据(电气、气动元件)	
公称尺寸	通径为 2.5mm
工作压力	2~8bar(200~800kPa)
压缩空气接头	用于外径为 6mm 或 4mm 的塑料管的旋紧插头
电气接头	4mm 插头
电压/功率	直流 24V/4.5W
元件固定	插入插件板上

⑤ TP200 DIDACTIC 训练装置简介　此设备分为自动化和通信系统两部分,TP200 为电气、气动控制部分。

a. 控制回路安装要求见表 2-59。

表 2-59　控制回路安装要求

控制回路元器件安装项目说明	安装要求
气动元件安装	牢固安装在铝合金实验板上
实验板安装结构	实验板有 14 个平行 T 形槽,各间隔 50mm
电源	输入 230V/50Hz;输出直流 24V,最大电流 5A
气源	使用可移动气泵[230V,最大气压 8bar(800kPa)]
系统工作压力	最大允许 6bar(600kPa)
无润滑气动系统工作压力	最大允许 5bar(500kPa)

b. 设备使用安全和操作说明见表 2-60。

表 2-60　设备使用安全和操作说明

安全注意事项	操作说明
压缩气管线的连接不严、断开可能会引起事故	要马上关闭气源
打开气源前应注意气管的连接情况	组装系统时要安全连接所有气管
检查气动回路错误时应使用工具	不要手动操作滚动杆，并遵守所有安全规则
安装限位开关应牢固	牢固安装并保证它只在凸轮上接触气缸
不要超过最大允许操作压力	工作压力 3～8bar(300～800kPa)；电压值小于或等于 24V
构建气动回路不要额外固定	用外径为 6mm 或 4mm 的塑料气管，要完全插入到 CU 快插连接器中
拆除回路要断开连接气源	断开连接前关闭气源
安装气动元件应规范	不允许在气缸正对方向安装元件

c. 实验板安装要求。TP200 实验板采用旋转安装式系统，固定时无需使用其他元件，带有锁紧圆盘，通过旋紧元件底座上的螺母和底座下面的 T 形螺钉来垂直或水平固定元件，用于较重、带负载的元器件。

d. 电气气动 ER 单元安装要求。可以插入带定位栓的实验板上，并通过套管接头与铝合金实验板相连，每个定位栓都带有一个黑色塑料接头，T 形槽上每隔 50mm 要有一个接头，将接头旋转 90° 即可固定，然后 ER 单元的定位栓便可插入到接头的穿孔中。

e. 在搭接回路的过程中经常要对已有的回路图进行调整。使用此套教学设备时，可使用下列替换方式。

ⅰ. 使用接头改变换向阀的功能（图 2-61）和方向。

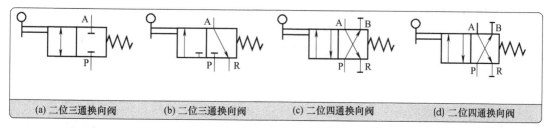

(a) 二位三通换向阀　　(b) 二位三通换向阀　　(c) 二位四通换向阀　　(d) 二位四通换向阀

图 2-61　换向阀的功能

ⅱ. 使用换向阀的不同的常规位置（图 2-62）。

ⅲ. 电磁阀可代替手动阀使用（图 2-63）。

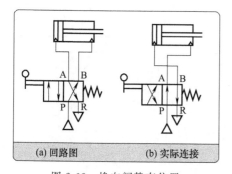

(a) 回路图　　(b) 实际连接

图 2-62　换向阀静态位置

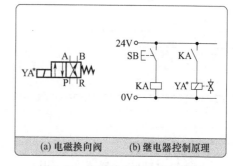

(a) 电磁换向阀　　(b) 继电器控制原理

图 2-63　电磁换向阀的控制原理

（4）应用实例设计及构建回路实施方案

① 认真学习任务要求，分析控制要求、工作循环及逻辑关系。

② 根据控制要求设计系统原理图并在 FluidSIM-P 仿真软件上调试正确。

③ 仿真正确后用 FESTO DIDACTIC 构建气动回路，调试参数，完成逻辑动作。

④ 组接完成后，检查气管连接无松动，旋松气阀释放气压，戴好防护镜。

⑤ 启动气源，打开多路接口器，按要求操作主控阀，初步观察气缸动作情况。

⑥ 调试参数（压力、流量），观察系统压力和气缸运动速度并做记录。

⑦ 调试并观察气缸工作顺序及逻辑关系是否符号任务控制要求，并分析系统故障点及解决方法，做好记录。

⑧ 系统调试完成后，旋松压力和流量阀释放气压，关断气源，拆卸回路，检查元件并完好地收纳回存储抽屉。

2.10.3 梭阀应用

（1）任务要求

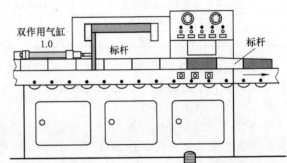

图 2-64　梭阀应用气动系统示意图

① 设计构建并调试标杆上色机气动系统，系统示意如图 2-64 所示。

② 测量杆长度 3m 或 5m，红色标记的长度为 200mm，为长标杆间隔相同距离标上颜色。

③ 用两个按钮开关控制具有排气节流控制的气缸，推进木杆。

④ 气缸达到前进终端位置，活塞杆退回初始位置。

（2）学习目的

① 了解双作用气缸的间接启动原理。

② 掌握手动开关的 5/2 气控双稳记忆阀的操作和使用。

③ 理解或门阀的应用。

④ 熟悉调速典型回路。

（3）设计及构建系统回路条件

① 设备环境　FESTO DIDATICT 电气、气动培训设备，FESTO FluidSIM-P 仿真软件。

② 实构建回路所需元件　见表 2-61。

表 2-61　元件表

元 件 名 称	功 能	数 量
双作用气缸	输出动作	1
节流止回阀	调速	1
5/2 气控双稳记忆阀	主控气缸换向	1
3/2 手控开关阀	手动操作（启动系统）	2
3/2 先导式手控阀	手动操作（控制气缸退回）	1
3/2 滚轮杆行程阀	机控换向（控制气缸退回）	1
或门阀	逻辑操作	1
双压阀	逻辑操作	1

（4）参考设计回路原理图　如图 2-65 所示。

（5）调试步骤

① 回路组接好后，经检查正确后，启动泵，气缸活塞杆处于尾端初始位置。

② 任意按下 3/2 手控开关阀（1.2、1.4）中的一个按钮开关后，压缩空气可通过或门阀（1.6）使双稳记忆阀（1.1）动作，气缸活塞杆靠节流止回阀的控制缓慢向前运动，将标杆向前推出。

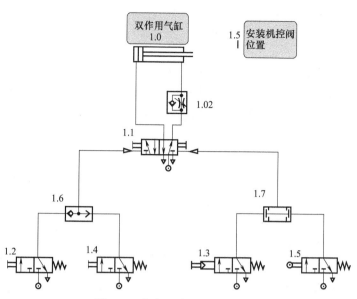

图 2-65　标杆上色机系统原理图

③ 按下 3/2 先导式手控阀（1.3）的按钮开关，双稳记忆阀换向，活塞杆迅速回程。

④ 注意，气缸回程动作时，需要活塞杆处于前端位置并压下滚轮杆行程阀（1.5），5/2 双稳记忆阀另一端的信号不存在时，方可按下先导式手控阀（1.3）。

（6）扩展练习

① 用什么逻辑控制方式与或门阀控制原理相同？试画出系统原理图。

② 或门阀的工作原理是什么。

（7）结论　完成满足上述要求的文件。

2.10.4　快速排气阀应用

（1）任务要求

① 设计邮包工件分离气动系统，系统示意图如图 2-66 所示。

② 邮包分发机构将从斜坡传送带滑下的邮包送到 X 射线机。

③ 用按钮开关使单作用气缸带着邮包托盘迅速回程。

④ 当松开按钮开关，活塞杆前向运动，将邮包前送。

⑤ 前向运动时间 $t = 0.9\mathrm{s}$，用节流止回阀控制。

图 2-66　邮包分发机构示意图

（2）学习目的

① 学会使用常开的 3/2 先导控制方向阀。

② 能够区别常开和常闭的 3/2 阀。

③ 掌握快速排气阀的应用及原理。

④ 掌握流量控制阀的控制原理。

（3）设计及构建系统回路条件

① 设备环境　FESTO DIDATICT 电气、气动培训设备，FESTO FluidSIM-P 仿真软件。

② 构建回路所需元件 见表 2-62。

表 2-62 元件表

元件名称	功　能	数　量
调理装置	调压、过滤、油雾	1
3/2 手动滑阀多路接口器	多路进气管分气路	1
单作用气缸	输出动作	1
快速排气阀	减少排气阻力，加快排气速度	1
压力表	指示系统压力	2
单向节流阀	单向流通	1

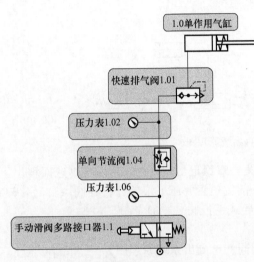

图 2-67　快速排气阀应用原理图

（4）参考设计回路原理图 如图 2-67 所示，单向节流阀使气缸活塞杆伸出，起节流作用（进气节流），快速排气阀在气缸活塞杆退回时起增速作用（增大排气口，减少排气阻力，压力能转换为动能）。

（5）调试步骤

① 戴好防护眼镜，组接好回路后，经检查启动泵。

② 单作用气缸处于前端初始位置（因为 3/2 控制阀是常开的）。

③ 操作 3/2 常开控制阀，气缸中空气通过快速排气阀排出，活塞杆迅速回程。

④ 继续按着控制阀的按钮开关，活塞杆停留在尾端位置，这时下一个邮包被送入托盘。

⑤ 松开控制阀的按钮开关，活塞杆向前运动，将邮包前送，向前运动的理想时间 $t=0.9s$，用单向节流阀调节。

（6）扩展练习 设计单作用气缸活塞杆快速排气、慢速退回的气动回路。

（7）结论 完成满足上述要求文件。

2.10.5 双压阀应用

（1）任务要求

① 设计折边装置气动系统，系统示意图如图 2-68 所示。

② 同时操作两个相同阀门的按钮开关，使装置的成型模具迅猛地向下锻压。

③ 松开两个或仅一个按钮开关，都将使气缸缓慢退回到初始位置。

（2）学习目的

① 了解双作用气缸间接启动与原理。

② 学会使用 5/2 弹簧复位气控阀。

③ 掌握与门阀的原理与应用。

④ 熟悉调速控制系统。

（3）设计及构建系统回路条件

① 设备环境 FESTO DIDATICT 电气、气动培训设备，FESTO FluidSIM-P 仿真软件。

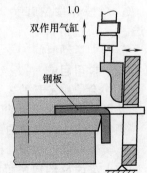

图 2-68　双压阀应用示意图

② 组建回路所用元件　见表 2-63。

表 2-63　元件表

元件名称	功　能	数　量
双作用气缸	输出动作(驱动冲压模具)	1
压力表	显示系统压力值	2
节流止回阀	调节气缸运动速度	1
快速排气阀	减少排气阻力,增加气缸运动速度	1
5/2 单端气控阀	主控气缸换向	1
3/2 手控阀	手动操作	2
与门阀	安全操作控制	1

（4）参考设计回路原理图　如图 2-69 所示。

（5）调试步骤

① 回路组装好后，经检查启动空气压缩泵，气缸处于尾端初始位置。

② 同时按下两个 3/2 手控阀按钮开关，压缩空气通过与门阀启动 5/2 单端气控阀，再经节流止回阀，使气缸活塞杆向前快速运动。

③ 按住手控阀，气缸仍保持在前端位置。

④ 松开两个 3/2 手控阀中的一个阀，5/2 单端气控阀不再受压力控制，由弹簧复位，活塞杆在节流止回阀的控制下，缓慢退回到初始位置。

（6）扩展练习

① 练习拆下与门阀，串联两个 3/2 手控阀，实现以上动作。

② 什么是间接启动？原理是什么？

（7）结论　完成满足上述要求的文件。

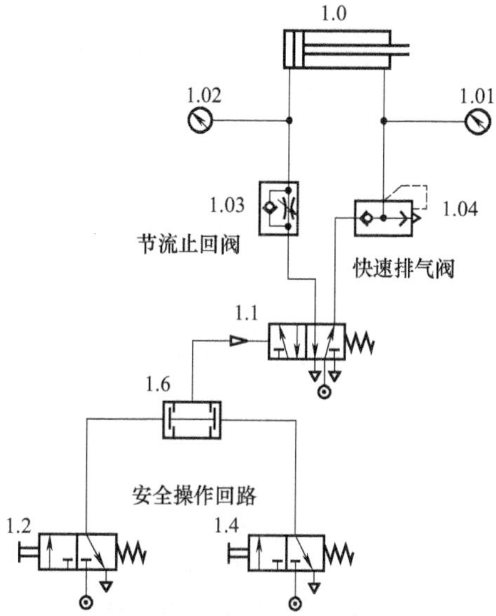

图 2-69　双压阀应用原理图

2.10.6　延时阀应用

（1）任务要求

① 设计圆柱工件分离气动系统，系统示意图如图 2-70 所示。

② 用双作用气缸将气缸插销送入测量机，气缸插销用往复运动的活塞杆分送。

③ 活塞杆的往复运动用机械式传感器控制。

④ 一个工作循环时间为 2s，气缸前向冲程的时间 $t=0.6s$，回程时间 $t=0.4s$，在前端停止时间 $t=1.0s$。

（2）学习目的

① 了解用双稳记忆阀控制的双作用气缸的间接启动。

② 学会使用手动开关的 5/2 气控双稳记忆阀。

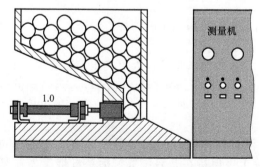

图 2-70　圆柱工件分离系统示意图

③ 掌握静止位置常闭的延时阀的操作。

④ 掌握气动行程程序系统控制原理

（3）设计与构建回路条件

① 设备环境　FESTO DIDATICT 电气、气动培训设备，FESTO FluidSIM-P 仿真软件。

② 组接回路所用元件　见表 2-64。

表 2-64　元件表

元件名称	功　能	数　量
双作用气缸	输出动作推动元件	1
节流止回阀	调节执行元件速度	2
5/2 气控双稳记忆阀	主控气缸换向	1
3/2 手控开关阀	手动操作	1
3/2 滚轮杆行程阀	机控换向,气缸定位	2
与门阀	逻辑控制	1
延时阀	调整气缸退回时间	1

（4）参考设计回路原理图　如图 2-71 所示。

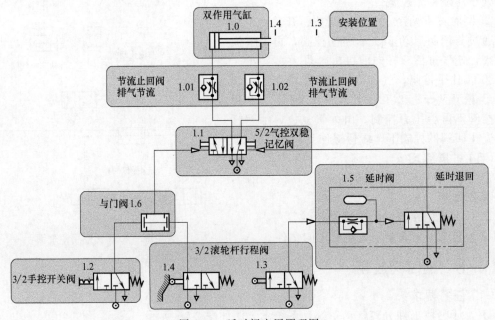

图 2-71　延时阀应用原理图

（5）调试步骤

① 设气缸的活塞杆初始位置在末端位置。活塞杆凸轮压下了滚轮杆行程阀 1.4，因此启动的两个条件之一被满足。

② 搬动阀门 1.2 的定位开关，与门阀的第二个条件也满足了，因此气压控制使阀门 1.1 换向，活塞杆在排气节流情况下向前运动到前端位置并压下滚轮杆行程阀 1.3，延时阀被供气，压缩空气通过节流止回阀进入储气室，延时时间到，延时阀中 3/2 阀动作，输出控制信号使阀门 1.1 右位动作复位到初始位置

③ 阀门 1.1 控制活塞回程速度采用排气节流控制回程时间，直到压下滚轮杆行程阀 1.4 为回程结束若连续循环工作，气动阀门开关 1.2 保持在开启位置，活塞杆继续做往复运动。

（6）**扩展练习**

① 行程程序控制系统的组成及控制原理是什么？

② 延时阀的结构及工作原理是什么？

（7）**结论** 完成满足上述要求的文件。

2.10.7 压力顺序阀应用

（1）**任务要求**

① 设计金属箔片焊接系统，系统示意图如图 2-72 所示。

② 用双作用气缸将电热焊接压铁压在可旋转的滚筒上。

③ 前向冲程要求按下按钮开关，最大气缸压力为 4bar（400kPa）。

④ 回程运动需达到前端压力为（300kPa）3bar 时才能发生。

⑤ 气缸的压缩空气进给受到节流控制。

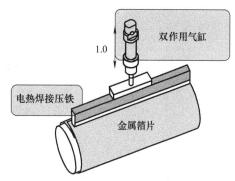

图 2-72 压力顺序阀应用示意图

（2）**学习目的**

① 了解用双稳记忆阀控制的双作用气缸的间接启动回路。

② 掌握用压力调节阀来限制活塞的暂用力。

③ 熟悉压力顺序阀的使用。

④ 了解用定位开关实现控制系统单循环和连续循环两个工作状况。

（3）**设计与构建回路条件**

① 设备环境 FESTO DIDATICT 电气、气动培训设备，FESTO FluidSIM-P 仿真软件。

② 组接回路所用元件 见表 2-65。

表 2-65 元件表

元件名称	功　能	数　量
调理装置	提供高质量控制	1
3/2 手动滑阀的多路接口器	提供并分配气源	1
双作用气缸	驱动负载	1
节流止回阀	调节气缸运动速度	1
压力表	显示系统压力	1
5/2 气控双稳记忆阀	主控气缸换向	1
3/2 手控开关	气动系统	2
3/2 滚轮杆行程阀	限定气缸运动位置转换	2
或门阀	逻辑或关系	1
与门阀	逻辑与关系	1
延时阀	延时自动重启系统	1
压力顺序阀	保持系统压力稳定,达到顺序压力值后气缸退回	1

（4）**参考设计回路原理图** 如图 2-73 所示。

（5）**调试步骤**

① 回路组装好后，经检查正确，启动压缩空气泵。

② 气缸的初始位置在尾端，气控双稳记忆阀 1.1 将压缩空气送入气缸活塞杆的一端，而另一端的空气则排出，滚轮杆行程阀 1.10 被压下，因此延时阀 1.12 被启动，与门阀（双压阀）1.8 右端有信号。

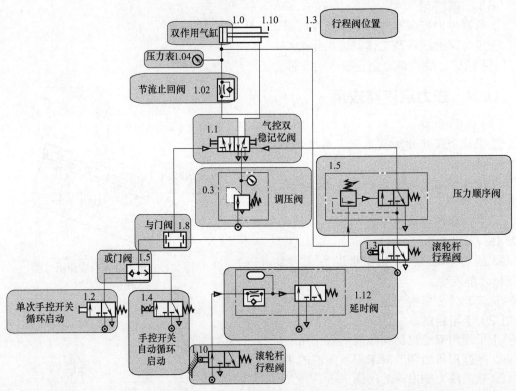

图 2-73 压力顺序阀应用原理图

③ 按下手控开关 1.2 的按钮，信号通过或门阀 1.6 送入与门阀 1.8，从而使气控双稳记忆阀 1.1 动作，气缸在节流止回阀 1.02 的作用下缓慢地向前运动。压力调节阀最大压力限制在 4bar（400kPa）（这样焊接压铁不至于把塑料压坏）。在前端位置，气缸活塞杆压下滚轮杆行程阀 1.3，使压缩空气送入压力顺序阀 1.5 的输入端口，当气缸尾端压力达到 3bar（300kPa）时，压力顺序阀动作，调节节流止回阀 1.02，使气缸处于前端位置时，尾端压力缓慢增加。

④ 压力顺序阀 1.5 动作后，则气控双稳记忆阀 1.1 换向，气缸回程至初始位置，将滚轮杆行程阀 1.10 压下，使压缩空气送入延时阀，当达到设定时间 $t=2s$ 时，延时阀 1.12 输出信号到与门阀的右端，从而可以开始新的工作循环。

⑤ 如果连续循环，需启动手控开关阀 1.4，则系统处于连续循环工作状态，将手控开关阀扳回初始位置，将使控制过程在一个循环完成后暂停。

（6）扩展练习

① 压力顺序阀的结构及控制原理是什么？

② 在此系统中有什么典型回路？

（7）结论　完成满足上述要求的文件。

第3章

气动基本回路和常用回路

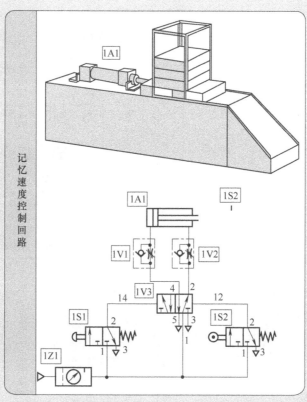

记忆速度控制回路

本章重点内容

- 了解气动基本回路和常用回路的组成
- 掌握气动基本回路的工作原理
- 了解常用回路的工作原理
- 熟悉气动元件在回路中的作用

气动系统一般由最简单的基本回路组成。虽然基本回路相同，但由于组合方式不同，所得到的系统的性能便会各有差异。因此，要想设计出高性能的气动系统，必须熟悉各种基本回路和经过长期生产实践总结出的常用回路。

气动基本回路包括压力和力控制回路、方向控制回路、速度控制回路、位置控制回路、基本逻辑回路。气动常用回路包括安全保护回路、同步动作回路、往复动作回路、计数回路、振荡回路。

3.1 气动系统回路符号表示方法

工程上，气动系统回路图是以气动元件职能符号组合而成的，所以学习系统回路前应熟悉和了解气动元件的功能、符号与特性。气动回路图用元件职能符号按照规范绘制，绘制方法可分为定位和不定位两种。

3.1.1 定位回路图符号绘制

定位回路图是以系统中元件实际的安装位置绘制的，如图 3-1 所示。这种方法使工程技术人员容易看出阀的安装位置，便于维修和保养。

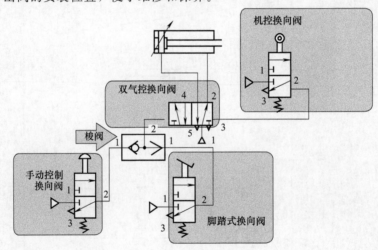

图 3-1 定位回路图

3.1.2 不定位回路图符号绘制

不定位回路图不是按元件的实际安装位置绘制的，而是根据信号流动方向，从下向上绘制的，各元件按其功能分类排列，顺序依次为气源系统、信号输入元件、信号处理元件、控制元件、执行元件，如图 3-2 所示。

3.1.3 气动元件与气动回路对应关系

为分清气动元件与气动回路的对应关系，给出全气动系统的控制链中信号流和元件之间的对应关系（图 3-3）。掌握这一点对于分析和设计气动控制系统非常重要。

3.1.4 回路图内元件的命名

气动回路图内元件常以数字和英文字母两种方法命名（表 3-1）。

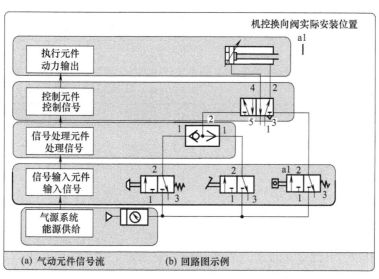

图 3-2　不定位回路图

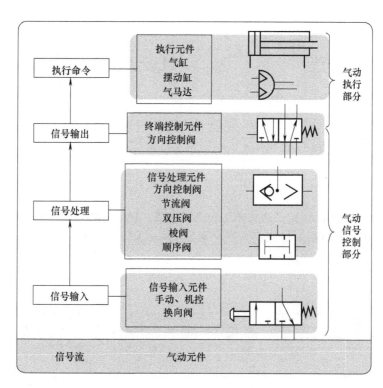

图 3-3　全气动系统中信号流与气动元件对应关系

表 3-1　回路图内元件的命名

命名方法	命　名　原　则	元件命名名称
数字命名	元件按照控制链分成几组，每一个执行元件连同相关的阀称为一个控制链。0 组表示能源供给元件，1、2 组代表独立的控制链	1A、2A 等（执行元件）
		1V1、1V2 等（控制元件）
		1S1、1S2 等［输入元件（手动和机控阀）］
		0Z1、0Z2 等［能源供给（气源系统）］

续表

命名方法	命 名 原 则	元件命名名称
英文字母命名	常用于气动回路图的设计,并在回路中代替数字命名使用。大写字母表示执行元件,小写字母表示信号元件	A、B、C 等(执行元件)
		a1、b1、c1 等(执行元件在伸出位置时的行程开关)
		a0、b0、c0 等(执行元件在缩回位置时的行程开关)

3.1.5 元件的绘图规则及位置定义

（1）绘图规则　在回路图中,阀和气缸尽可能水平放置。回路中的所有元件均以起始位置表示,否则需另加注释。

（2）位置定义

① 正常位置。阀芯未操作时阀的位置为正常位置。

② 起始位置。阀已安装在系统中,并已通气供压,阀芯所处的位置称为起始位置,应在图中标明。图 3-4 所示的滚轮杠杆阀（信号元件）,正常位置为关闭阀位,如图 3-4（a）所示；当在系统中被活塞杆的凸轮板压下时,其起始位置变成通路,如图 3-4（b）所示。

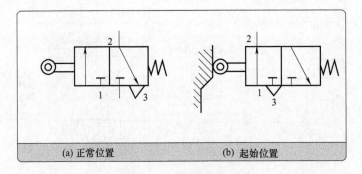

图 3-4　滚轮杠杆阀表示

③ 单向滚轮杠杆阀,因其只能在单方向发出控制信号,所以在回路图中必须以箭头表示出对元件发生作用的方向,逆向箭头表示无作用,如图 3-5 所示。

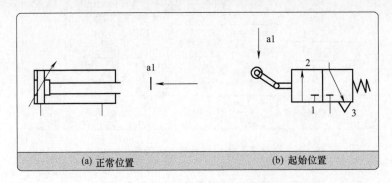

图 3-5　单向滚轮杠杆阀表示

3.1.6 管路的表示

在气动回路中,元件和元件之间的配管符号是有规定的。通常工作管路用实线表示,控制管路用虚线表示。而在复杂的气动回路中,为保持图面清晰,控制管路也可以用实线表示。管路尽可能画成直线以避免交叉。如图 3-6 所示为管路表示方法。

3.1.7 气动回路的组成

气动系统一般由最简单的基本回路组成，如图 3-7 所示。

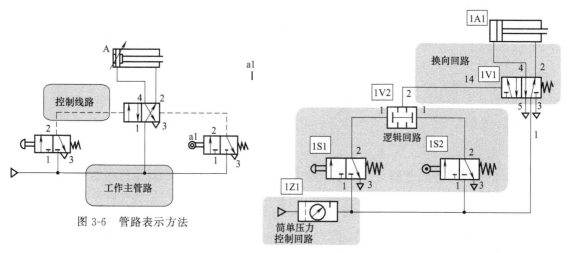

图 3-6 管路表示方法

图 3-7 气动回路的组成

3.2 压力和力控制回路

对于气动系统的压力进行调节和控制的回路称为压力控制回路。增大气缸活塞杆输出力的回路称为力控制回路。其分类见表 3-2。

表 3-2 压力和力控制回路分类

分 类	特 点	具 体 名 称
压力控制回路	控制储气罐送出的气体压力不超过规定压力	一次压力控制(气源)回路
	保证气动系统使用的气体压力为一稳定值	二次压力控制(设备)回路
	利用两个减压阀和一个换向阀间或输出低压或高压气源	高低压转换回路
力控制回路	一般气动系统工作压力较低,通过改变执行元件的作用面积或利用气液增压器来增加输出力的回路	串联气缸增力回路
		气液增压器增力回路

3.2.1 压力控制回路

（1）气源压力控制回路（一次压力控制回路）　一次压力控制是指把空气压缩机的输出压力控制在一定值以下，如图 3-8 所示。电接触式压力表根据储气罐压力控制空压机的启、停，使储气罐内的压力保持在要求的范围内，一旦储气罐压力超过一定值时，溢流阀起安全保护作用。

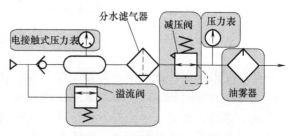

图 3-8 气源压力控制回路

气源压力控制回路工作原理如下。

① 一般情况下，空气压缩机的出口压力为 0.8MPa 左右，并设置储气罐，储气罐上装有压力表、安全阀。

② 气源的选取条件。采用压缩空气站集中供气或小型空气压缩机单独供气，只要它们的容量能够与用气系统压缩空气的消耗量相匹配即可。

③ 正常供气→压力表显示储气罐压力（小于溢流阀压力）→溢流阀关闭。

④ 系统用气量减少→储气罐空气过量（大于溢流阀压力）→溢流阀开启→储气罐压力下降（小于溢流阀压力）→ 溢流阀关闭（保证储气罐内压力保持在调定范围内）。

⑤ 安全阀压力可根据气动系统工作压力范围适当调整到 0.7MPa 左右；调整过高，则系统不安全，增加压力损失和泄漏；调整过低，则会使安全阀频繁开启溢流而消耗能量。

（2）设备压力控制回路（二次压力控制回路） 二次压力控制是指把空气压缩机输送出来的压缩空气，经一次压力控制后作为减压阀的输入压力，经减压阀减压稳压后所得到的输出压力。二次压力作为气动控制系统的工作气压使用。图 3-9 所示为基于 FESTO 装置的设备压力控制回路，气路为气源→分水过滤器→减压阀→油雾器→分气块→气动系统。气动三联件主要由分水滤气器、减压阀、油雾器组成，为每台设备提供气源的压力调节。通过调节减压阀可以得到气动设备所需的工作压力。

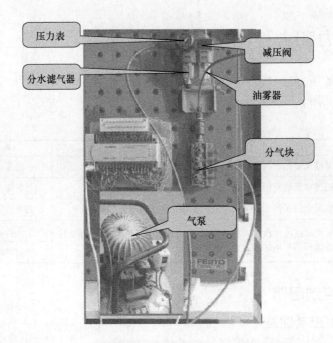

图 3-9　基于 FESTO 装置的设备压力控制回路

（3）简单压力控制回路 如图 3-10 所示，采用溢流减压阀对气源实行定压控制。通过调节减压阀可以得到气动设备所需的工作压力，气源的供气压力 p_1 应高于二次压力 p_2 所必需的调定值。由于分水滤气器的过滤精度较高，因此在它的前面还要加一级粗过滤装置。若控制系统不需要加油雾器，则可省去油雾器；如图 3-11 所示，或在油雾器之前用三通接头引出支路即可。

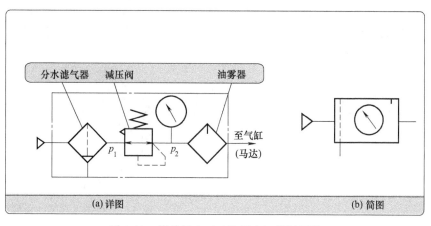

图 3-10　简单压力（二次压力）控制回路

（4）**高低压选择回路**　在实际应用中，某些气动控制系统需要高压和低压的选择。对于这种情况若采用调节减压阀的办法来解决，会十分麻烦，因此可采用图 3-12 所示的回路，由多个减压阀控制，实行多个压力同时输出，也可以采用图 3-13 所示的回路，利用换向阀和减压阀实现高低压切换输出。

图 3-12 所示回路只要分别调节两个减压阀，就能得到所需的高压和低压输出。例如，加工塑料门窗的三点焊机，气动控制系统控制工作台移动的回路压力为 0.25～0.3MPa，控制其他执行元件的回路压力为 0.5～0.6MPa。

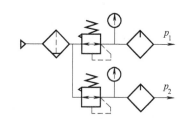

图 3-12　高低压控制回路

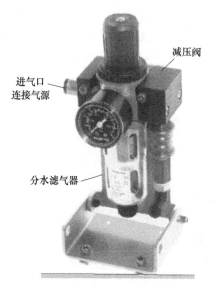

图 3-11　FESTO 气动二联件

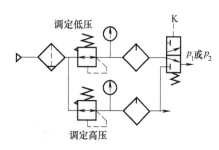

图 3-13　高低压切换回路

在图 3-13 同一管路上选择输出高压和低压：当换向阀有控制信号 K 时，换向阀处于上位，输出高压；当无控制信号 K 时，换向阀处于弹簧位置，输出低压。

3.2.2　力控制回路

气动系统一般压力较低，往往通过改变执行元件的受力面积来增加输出力。

（1）**串联气缸增力回路**　如图 3-14 所示，通过控制电磁阀的通电个数实现对分段式活塞缸的活塞杆输出推力的控制。

（2）**气液增压器增力回路**　如图3-15所示，利用气液增压器把较低的气压变为较高的液压力，提高了气液缸的输出力。

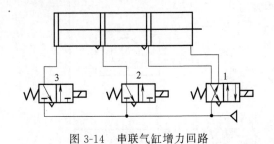

图3-14　串联气缸增力回路

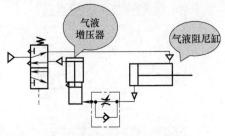

图3-15　气液增压器增力回路

气液阻尼缸的组成、作用及应用场合见表3-3。

表3-3　气液阻尼缸组成、作用及应用场合

组　成	作　　用	应　用　场　合
气缸	产生驱动力	①用于切削加工的进给驱动装置
液压缸	用液压阻尼调节作用获得平稳运动	②用于克服普通气缸在负载变化较大时容易产生的"爬行"或"自移"现象，可以满足驱动刀具进行切削加工的要求

串联式气液阻尼缸如图3-16所示，气缸和液压缸共用同一个缸体，两活塞固联在同一活塞杆上。当气缸右腔供气左腔排气时，活塞杆伸出的同时带动液压缸活塞左移，液压缸左腔排油经节流阀流向右腔，对活塞杆的运动起阻尼作用。调节节流阀便可控制排油速度，由于两活塞固联在同一活塞杆上，因此也控制了气缸活塞的左行速度。反向运动时，因单向阀开启，所以活塞杆可快速缩回，液压缸无阻尼。油箱是为了克服液压缸两腔面积差和补充泄漏用的。

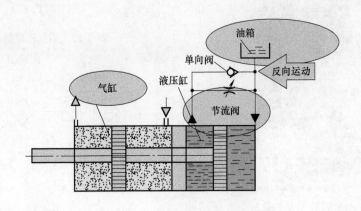

图3-16　串联式气液阻尼缸

并联式气液阻尼缸如图3-17所示，其不用油箱，只用油杯。

（3）**冲击气缸增力回路**　冲击气缸增力回路如图3-18所示。4/2换向阀静态位置，气压经减压阀充气，经4/2换向阀左位到快速排气阀，冲击气缸复位。4/2换向阀得电，冲击气缸下腔放气，3/2气控阀换向，气罐压力全部冲入气缸。活塞以极快的速度运动，活塞具有的动能转换成冲击力输出。由减压阀调节冲击力的大小。

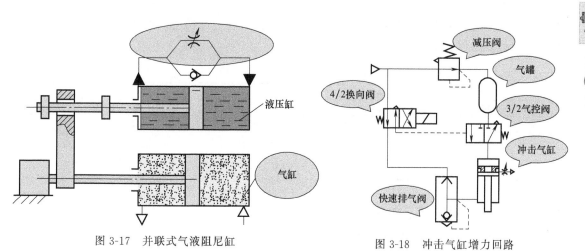

图 3-17 并联式气液阻尼缸　　　　图 3-18 冲击气缸增力回路

冲击气缸是把压缩空气的压力能转换为活塞组件的动能，利用此动能去做功的。它由缸筒、活塞和固定在缸筒上的中盖组成，中盖上有一喷嘴。它能产生相当大的冲力，可以充当冲床使用。其工作过程的三个阶段见表 3-4。冲击气缸可用于锻造、冲压、铆接、下料、压配、破碎等作业。

表 3-4　冲击气缸工作过程及工作原理

工作过程	工作原理
复位段[图 3-19(a)]	气源由孔 A 供气，孔 B 排气，活塞上升至密封垫封住喷嘴，气缸上腔成为密封的储气腔
储能段[图 3-19(b)]	气源改由孔 B 进气，孔 A 排气。由于上腔气压作用在喷嘴上面积较小，而下腔气压作用面积大，故使上腔储存很高的能量
冲击段[图 3-19(c)]	上腔压力继续升高，下腔压力继续降低，当上、下腔压力比大于活塞与喷嘴面积比时，活塞离开喷嘴，上腔气体迅速充入活塞与中盖间的空间。活塞将以极大的加速度向下运动。气体的压力能转换为活塞的动能，产生很大的冲击力

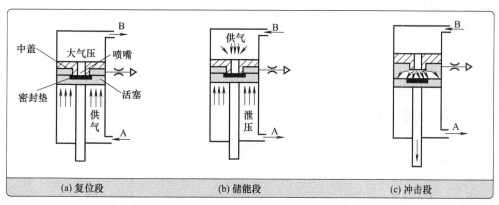

图 3-19　冲击气缸工作过程

3.3　方向控制回路

方向控制回路又称换向回路，它是通过换向阀的换向控制进气方向，来实现改变执行元件的运动方向的。因为控制换向阀的方式较多，所以方向控制回路的形式也较多，表 3-5 列出了典型的方向控制回路。

表 3-5　典型的方向控制回路

类　　型	特　　点
单作用气缸换向回路	控制单作用气缸的运动方向
双作用气缸换向回路	改变双作用气缸的运动方向
	完成一次直动循环
	实现连续直动循环
气马达换向回路	控制气马达正、反转及停止

3.3.1　单作用气缸换向回路

（1）单作用气缸二态控制回路　如图 3-20 所示，3/2 单电控弹簧复位换向阀控制单作用气缸换向。当电磁换向阀通电时，该阀换向，处于上位，压缩空气进入气缸的无杆腔，推动活塞并压缩弹簧使活塞杆伸出。当电磁换向阀断电时，该阀复位至图 3-20 所示位置。活塞杆在弹簧力的作用下回缩，气缸无杆腔的余气经换向阀排气口排入大气。

（2）单作用气缸三态控制回路　如图 3-21 所示，用三位五通换向阀可控制单作用气缸伸、缩及在任意位置停止。回路简单，耗气少。气缸有效行程减少，承载能力随弹簧压缩量而变化。在应用中气缸的有杆腔要设呼吸孔，否则不能保证正常工作。

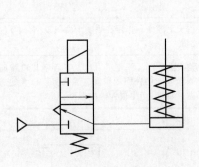

图 3-20　单作用气缸二态控制回路

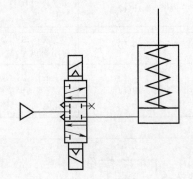

图 3-21　单作用气缸三态控制回路

3.3.2　双作用气缸换向回路

（1）双电控换向阀控制双作用气缸换向回路　图 3-22 所示为基于 FESTO 装置的双电控换向阀控制双作用气缸换向回路，图 3-23（a）所示为 5/2 双电控换向阀控制回路（双作用气缸二态控制回路），图 3-23（b）所示为 5/3 双电控先导换向阀控制回路（双作用气缸三态控制回路）。用三位五通换向阀除控制双作用缸伸、缩换向外，还可实现任意位置停止。

（2）双气控换向阀控制双作用气缸换向回路　图 3-24 所示为一种采用二位五通双气控换向阀的换向回路。由于双气控换向阀具有记忆功能，故气控信号 K_1、K_2 使用长、短信号均可，但不允许 K_1、K_2 两个信号同时存在。当有 K_1 信号时，换向阀换向处于左位，气缸无杆腔进气，有杆腔排气，活塞杆伸出；当 K_1 信号撤除，加入 K_2 信号时，换向阀处于右位，气缸进、排气方向互换，活塞杆回缩。

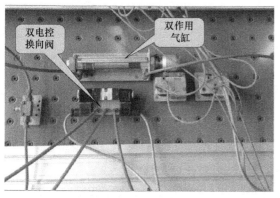

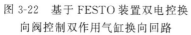

图 3-22 基于 FESTO 装置双电控换
向阀控制双作用气缸换向回路

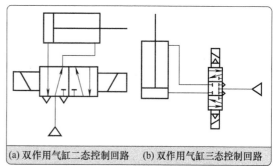

(a) 双作用气缸二态控制回路 (b) 双作用气缸三态控制回路

图 3-23 双作用气缸换向回路

（3）**单往复动作回路** 如图 3-25（a）所示，按下手动阀，二位五通换向阀换向阀处于左位，气缸外伸；当活塞杆挡块压下机动阀后，二位五通换向阀换至右位，气缸缩回，完成一次往复运动。

（4）**连续往复动作回路** 如图 3-25（b）所示，手动阀 1 换向，高压气体经阀 3 使阀 2 换向，气缸活塞杆外伸，阀 3 复位，活塞杆挡块压下行程阀 4 时，阀 2 换至左位，活塞杆缩回，阀 4 复位，当活塞杆缩回压下行程阀 3 时，阀 2 再次换向，如此循环往复。

靠机械外力使阀芯切换的阀称为机控阀，它利用执行机构或者其他机构的机械运动，借助阀上的凸轮、滚轮、杠杆或撞块等机构来操作阀杆，驱动阀换向。常用机械控制方式如图 3-26 所示。机控阀不能作挡块或停止器用。

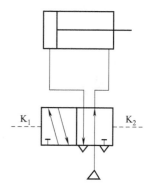

图 3-24 双气控换
向阀控制双作
用气缸换向回路

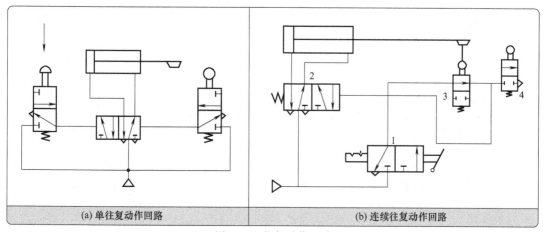

(a) 单往复动作回路 (b) 连续往复动作回路

图 3-25 往复动作回路
1—手动阀；2—换向阀；3,4—行程阀

（5）**差动控制回路** 差动控制是指气缸的无杆腔进气活塞伸出时，有杆腔的排气又回到进气端的无杆腔，如图 3-27 所示。其特点是活塞运动速度提高，活塞杆的输出力减少。当操作手拉阀处于右位，气缸无杆腔进气，有杆腔排气经手拉阀回无杆腔形成差动回路。当

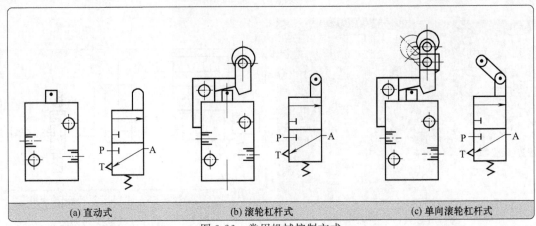

| (a) 直动式 | (b) 滚轮杠杆式 | (c) 单向滚轮杠杆式 |

图 3-26　常用机械控制方式

手拉阀处于左位时，气缸有杆腔进气，无杆腔排气，活塞杆退回。

3.3.3　气马达换向回路

采用三位五通电磁换向阀控制气马达的换向回路如图 3-28 所示。三位五通电磁换向阀控制气马达正、反转和停止三个状态。气马达排气噪声较大，通常在排气管上接消声器。若不需要节流调速，两条排气管可共用消声器。

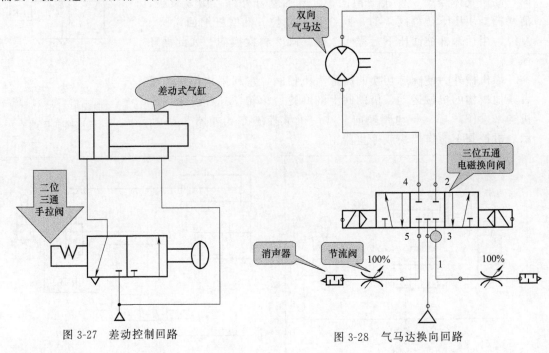

图 3-27　差动控制回路

图 3-28　气马达换向回路

气马达结构及工作原理参考 2.5.5 中的内容。

3.4　速度控制回路

速度控制是指通过对流量阀的调节，改变回路中流量阀的流通面积以达到对执行元件调速的目的，使执行元件运动速度得到控制。调速回路的类型见表3-6。

表 3-6　调速回路的类型

类　　型	特　　点
气阀控制调速回路	气动系统较易实现气缸的快速运动，在功率不大的场合，调速方法主要是节流调速，常采用排气节流调速
气液联动速度控制回路	由于气体可压缩，运动速度不稳定，定位精度也不高。在气动不能满足工作要求的场合，可采用气液联动速度控制回路。气缸为动力缸，液压缸为阻尼缸，调节运动速度

3.4.1　气阀控制调速回路

（1）**单作用气缸调速回路**　图 3-29 所示调速回路用两个单向节流阀分别控制活塞杆的伸出和缩回速度。

（2）**单作用气缸快速返回回路**　如图 3-30 所示，3/2 气控阀有控制信号下位接通，通过节流阀节流调速活塞杆伸出；通过快速排气阀快速排气使活塞杆快速退回。

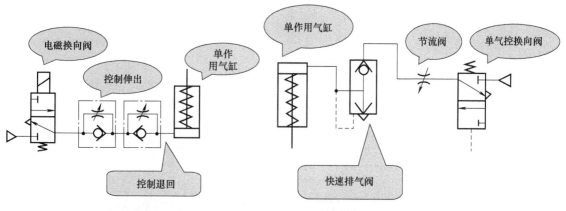

图 3-29　单作用气缸调速回路

图 3-30　单作用气缸快速返回回路

（3）**双作用气缸排气节流阀调速回路**　如图 3-31 所示，通过两个排气节流阀控制气缸伸缩的速度。A1*有控制信号，换向阀左位接通；双作用气缸在排气节流的调控下伸出；A0*有控制信号，换向阀右位接通；双作用气缸在排气节流的调控下退回。

（4）**缓冲回路（速度换接回路）**
如图 3-32 所示，活塞快速向右运动接近末端，压下机控换向阀，气体经节流阀排气，活塞低速运动到终点。改变机控换向阀的安装位置可以改变开始变速的位置，即为速度换接回路。

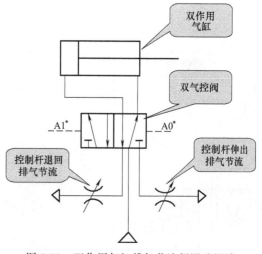

图 3-31　双作用气缸排气节流阀调速回路

3.4.2 气液联动速度控制回路

由于气体的可压缩性，运动速度不稳定，定位精度不高。在气动调速、定位不能满足要求的场合，可采用气液联动。气液联动过程如图 3-33 所示。

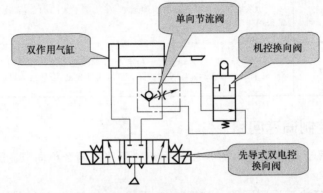

图 3-32　缓冲回路

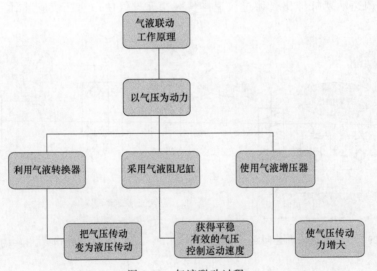

图 3-33　气液联动过程

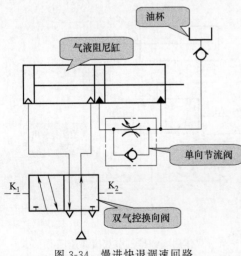

图 3-34　慢进快退调速回路

（1）调速回路

① 慢进快退调速回路　图 3-34 所示，换向阀 K_1 有信号时，处于左位活塞杆伸出；同时液压缸右腔经节流阀流回左腔，活塞节流调速。当 K_2 有信号，换向阀处于右位，活塞杆退回，同时，液压缸左腔油液经单向阀流回右腔，因液阻很小，可实现快速退回动作。油杯为补油用，作用是防止油液泄漏后渗入空气而使平稳性变差，放置在比缸高的地方。

② 气液阻尼缸串联调速回路　如图 3-35 所示，通过两个单向节流阀，利用液压油不可压缩的特点，实现两个方向的无级调速，油杯

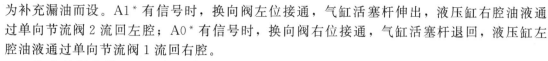

为补充漏油而设。A1* 有信号时，换向阀左位接通，气缸活塞杆伸出，液压缸右腔油液通过单向节流阀 2 流回左腔；A0* 有信号时，换向阀右位接通，气缸活塞杆退回，液压缸左腔油液通过单向节流阀 1 流回右腔。

③ 气液转换器调速回路　采用气液转换器的调速回路（图 3-36）与采用气液阻尼缸的调速回路一样，也能得到平稳的运动速度。选用这种回路时要注意气液转换器的安装位置，正确的方法是气腔在上，液腔在下，不能颠倒。K₁ 有信号，换向阀左位接通，气体进入气液缸无杆腔，活塞杆平稳伸出；有杆腔油液经节流阀进入气液转换器下端，上端的气体经换向阀排出；当 K₂ 有信号时，换向阀右位接通，气体进入气液转换器上端，下端油液受压后经单向阀进入气液缸的有杆腔，活塞快速退回，无杆腔余气经换向阀排出。

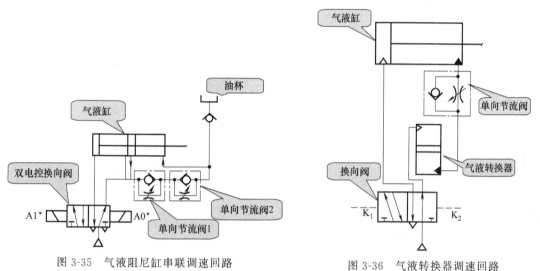

图 3-35　气液阻尼缸串联调速回路　　图 3-36　气液转换器调速回路

（2）变速回路

① 气液缸串联变速回路　如图 3-37 所示，当 A1* 有控制信号时，双电控换向阀左位接通，气体进入无杆腔，活塞杆右行；当撞块碰到机控换向阀后开始切换为上位，进入节流慢速运动状态；改变撞块的安装位置，可改变开始变速的位置。

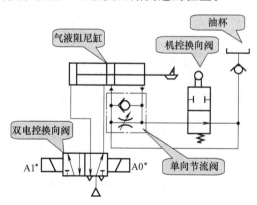

图 3-37　气液缸串联变速回路

② 气液缸并联且有中间位置停止的变速回路　如图 3-38 所示，气缸活塞杆滑块空套在液压阻尼缸活塞杆上；当 A1* 有信号时，双电控换向阀左位接通，气缸活塞杆伸出；当气缸运动到调节螺母时，气缸由快进转为慢进；液压阻尼缸流量由单向节流阀控制；蓄能器可以调节阻尼缸中的油量。

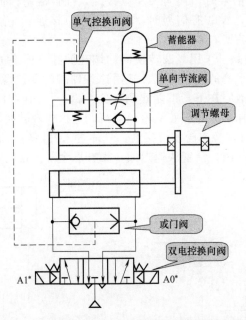

图 3-38　气液缸并联且有中间位置停止的变速回路

3.5　气动逻辑回路

　　基本的逻辑回路有与、或、非、双稳、延时等，表 3-7 列出了几种常见的基本逻辑回路，"真值表"即该逻辑回路的动作说明，a、b 为输入信号，s_1、s_2 和 s 为输出信号，"1"与"0"分别表示有信号和无信号。

表 3-7　基本逻辑回路

名称	逻辑符号及表达式	气动元件回路	真　值　表	说　　明
是回路	$s=a$		a / s 0 / 0 1 / 1	有信号 a 则有输出
非回路	$s=\bar{a}$		a / s 0 / 1 1 / 0	有信号 a 则无输出
与回路	$s=a\cdot b$	无源　　　　有源	a / b / s 0 / 0 / 0 1 / 0 / 0 0 / 1 / 0 1 / 1 / 1	同时有信号 a、b，才有输出 s

名称	逻辑符号及表达式	气动元件回路	真值表	说　明
或回路	$s=a+b$	无源　有源	a b s / 0 0 0 / 0 1 1 / 1 0 1 / 1 1 1	有信号 a 或 b，有输出 s
禁回路	$s=\bar{a}\cdot b$	无源　有源	a b s / 0 0 0 / 0 1 1 / 1 0 0 / 1 1 0	有信号 a，无输出 s（a 禁止了 b 输出 s）；无信号 a，信号 b 才能输出 s
记忆回路	s_1 s_2 s_1 / 1 0 1 0 / a b a b	无源　有源	a b s_1 s_2 / 1 0 1 0 / 0 0 1 0 / 0 1 0 1 / 0 0 0 1	有信号 a，有输出 s_1；信号 s 消失，s_1 仍保持输出，直动有信号 b 时，才无输出 s_1。单记忆元件，要求不能同时有信号 a、b
脉冲回路	a —□— s	气阻　气容		回路可把长信号 a 变为一个脉冲信号 s 输出，脉冲宽度可由气阻和气容调节。回路要求信号 a 的持续时间大于脉冲宽度
延时回路	a —t— s	气阻　气容		当有信号 a 时，需延时 t 时间后才有输出 s。调节气阻和气容可调节延时时间 t，回路要求信号 a 保持时间大于延时时间 t

3.6　常用回路

3.6.1　安全保护回路

（1）双手操作回路　锻压、冲压设备中必须设置安全保护回路，以保证操作者双手的安全。双手操作回路如图 3-39 所示。按下两个启动按钮，气缸才能动作。按下一个按钮，主控换向阀控制端无控制信号，气缸在退回状态。

（2）过载保护回路　如图 3-40、图 3-41 所示，当活塞杆伸出过程中遇到故障造成气缸过载，可使活塞自动返回。当活塞杆伸出，气缸左腔压力升高超过预定值时，顺序阀打开；控制气体可经梭阀将主控阀切换至右位，使活塞退回，气缸左腔的气体经主控阀排掉，防止过载。

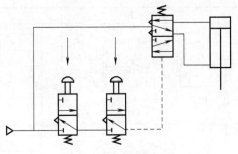

图 3-39　双手操作回路

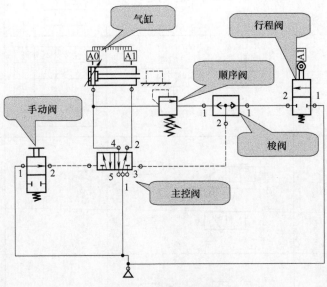

图 3-40　过载保护回路

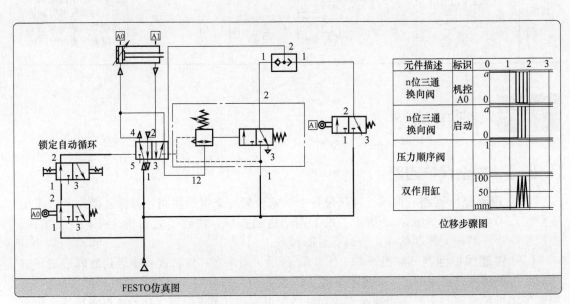

图 3-41　过载保护 fiuidSIM-P 仿真回路图

（3）互锁回路

① 单缸互锁回路　这种回路应用极为广泛，例如送料、夹紧与进给之间的互锁，即只有送料到位后才能夹紧，夹紧工件后才能进行切削加工（进给）等。单缸互锁回路如图3-42所示。两个信号 a、b 互锁；只有当两个信号同时存在时，主控阀才能得到与的控制信号，主控阀右位接通，活塞杆伸出。否则，换向阀不换向，气缸活塞杆处于退回状态。

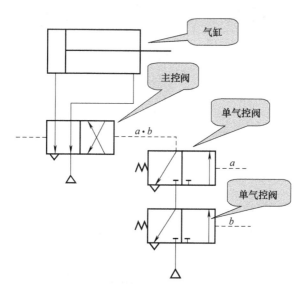

图 3-42　单缸互锁回路

② 多缸互锁回路　该回路利用梭阀和换向阀实现互锁，防止各缸活塞同时动作，保证只有一个活塞动作，如图 3-43 所示。单气控换向阀 1 切换，则双气控换向阀 1′ 也换向，使 A 缸活塞伸出；A 进气管路的气体使梭阀 1″、2″ 动作，把双控换向阀 2′、3′ 锁住。

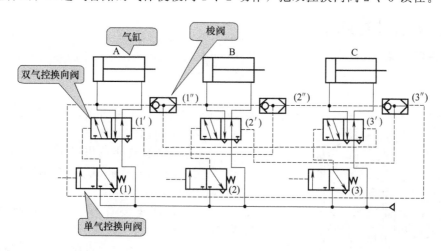

图 3-43　多缸互锁回路

3.6.2　振荡回路

如图 3-44 所示，该回路是气缸往复振荡的例子，适用于气缸前进端、后退端无法设置位置检测元件的场合。位置检测间接地由延时元件代替。

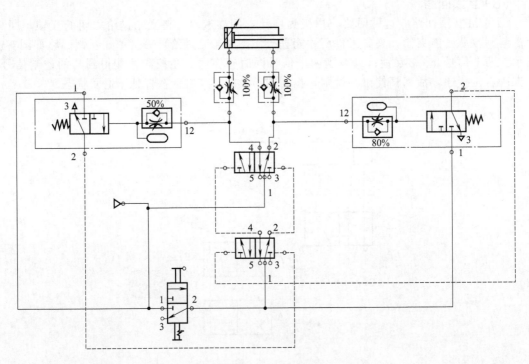

图 3-44　振荡回路

3.7　气动回路应用典型实例

3.7.1　换向控制回路应用

（1）任务要求

① 设计分配装置气动系统，示意图如图 3-45 所示。

② 送料装置将阀块送到加工位置。

③ 按下按钮开关，单作用气缸的活塞杆向前运动，松开按钮开关，活塞杆返回。

（2）学习目的

① 学会怎样使用单作用气缸。

② 了解 3/2 常开式换向阀在此回路中的使用。

③ 了解调整装置与多路接口器的结构与应用。

④ 理解单作用气缸直接启动系统原理。

（3）设计与构建回路条件

① FluidSIM-P 气动仿真软件及 PC 机。

② FESTO DIDACTIC 气动培训设备 TP100。

③ 组接回路所用元件见表 3-8，完成表 3-8 所列内容。

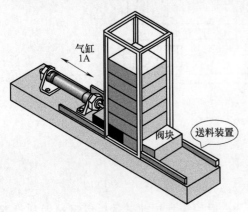

图 3-45　分配装置示意图

表 3-8　元件表

元 件 名 称	功　能	位 置	数 量
调整装置			
3/2 手动滑阀的多路接口器			
3/2 换向阀			
单作用气缸			

（4）参考设计回路原理图　如图 3-46 所示。

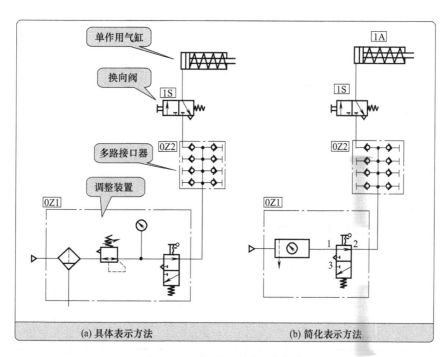

图 3-46　分配装置回路原理图

（5）调试过程及步骤

① 在压缩空气关掉的情况下，连接好回路。

② 经检查正确后，接通压缩空气，气缸和阀门处在初始位置；气缸靠弹簧使活塞处于末端，气缸中的空气靠 3/2 换向阀排出。

③ 打开 3/2 手动滑阀，按下 3/2 换向阀开关使其处于开通状态，活塞杆向前运动，将阀块推出。

④ 如果继续按着手控制开关，则活塞杆保持在前端位置。

⑤ 松开手控制开关，气缸中的空气通过 3/2 换向阀排出，活塞杆依靠弹簧的作用返回至初始位置。

（6）扩展练习

① 依进气的方向气动三联件的安放顺序及其作用是什么？

② 将 3/2 换向阀的接线端改变（在压缩空气关掉时），看控制系统如何动作。

③ 常开与常闭阀的工作原理是什么？

（7）结论　完成满足上述要求的文件。

3.7.2 速度控制回路应用

（1）任务要求

① 设计位置转换与传送装置气动系统，示意图如图 3-47 所示。

② 借助于活动支点臂，将冷却煤块按需要送到上、下两传输带上。

③ 用控制阀的锁定开关来决定送到上、下两传送带。

④ 用两个节流止回阀调节上、下运动时间。

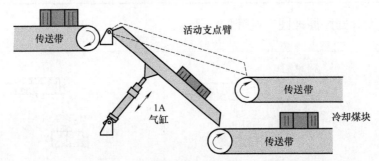

图 3-47　位置转换与传送装置示意图

（2）学习目的

① 掌握双作用气缸的结构和连接方法。

② 了解带锁定开关，弹簧复位的 5/2 换向阀的使用。

③ 理解双作用气缸直接启动原理。

（3）设计与构建回路条件

① FluidSIM-P 气动仿真软件及 PC 机。

② FESTO DIDACTIC 气动培训设备 TP100。

③ 组接回路所用元件见表 3-9，完成表 3-9 所列内容。

表 3-9　元件表

元 件 名 称	功　能	位　置	数　量
调整装置			
3/2 手动滑阀的多路接口器			
压力表			
双作用气缸			
节流止回阀			
5/2 换向阀			

（4）参考设计回路原理图　如图 3-48 所示。

（5）调试过程及步骤

① 回路组建好后，接通空气压缩泵，压缩空气通过 5/2 换向阀进入气缸前端，气缸处于尾端初始状态，可读出 P1.01 值。

② 扳动弹簧复位的 5/2 换向阀上的定位开关，气缸前向运动，快慢用节流止回阀 1.04 调节。

③ 将阀门定位开关扳回，气缸回程运动，快慢用节流止回阀 1.03 控制。

（6）扩展练习

① 改变两个节流止回阀的接线，观察控制系统的动作变化。

② 什么是气缸直接启动？

（7）**结论** 完成满足上述要求的文件。

3.7.3 压力控制回路应用

（1）任务要求

① 设计颜料桶振动器气动系统，示意图如图 3-49 所示。

② 当各种液体颜料倒入颜料桶中，要用振动机将它们拌合均匀。

③ 按下按钮开关，伸出的气缸活塞杆退回到尾端位置，并在尾端某一行程内做往复运动。

④ 振动的行程范围用处于尾端和处于中部的行程开关——滚轮杆行程阀限位。振动频率的调节通过颜料调节阀控制供气量来实现。将工作压力置于 4bar（400kPa）。

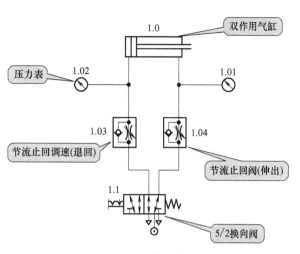

图 3-48 位置转换与传送装置回路原理图
注：调整装置、多路接口器未在图中标识。

⑤ 当特定的时间间隔达到后，振动停止，双作用气缸的活塞杆完全伸出，达到前端位置，并按下前端的滚轮杆行程阀，设定的振动时间为 10s。

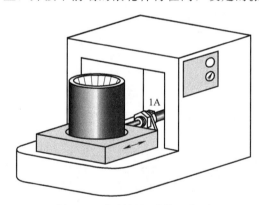

图 3-49 颜料桶振动器示意图

（2）学习目的

① 掌握二次压力控制回路应用原理，了解振动频率可随供气量而变化。

② 熟悉双作用气缸的间接启动回路。

③ 学会在活塞杆行程中部使用滚轮杆控制阀（行程开关）。

④ 掌握自动连续往复运动系统控制原理。

⑤ 掌握记忆阀（5/2 气控双稳记忆换向阀）脉冲输入信号的设置。

（3）设计构建回路基本条件

① FluidSIM-P 气动仿真软件及 PC 机。

② FESTO DIDACTIC 气动培训设备 TP100。

③ 组接回路所用元件见表 3-10，完成表 3-10 所列内容。

表 3-10 元件表

元件名称	功能	位置	数量
调整装置			
3/2 手动滑阀的多路接口器			
压力调节阀			
双作用气缸			
5/2 气控双稳记忆换向阀			
3/2 滚轮杆行程阀			
3/2 手动换向阀			
3/2 双气控换向阀			
延时阀			
或门阀			

（4）**参考设计回路原理图** 如图 3-50 所示。

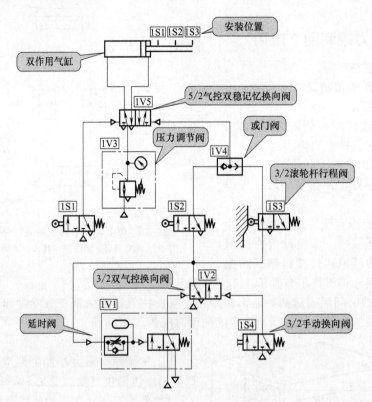

图 3-50 颜料振动器回路原理图

（5）**调试过程及步骤** 位移步骤图如图 3-51 所示，工作过程及步骤如图 3-52 所示。

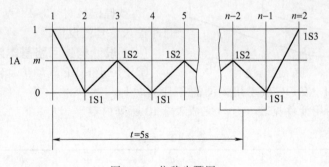

图 3-51 位移步骤图

（6）**扩展练习**

① 用压力调节阀 1V3 改变主控阀 1V5 的供气压力，观察气缸的动作。

② 从控制系统中将压力调节阀 1V3 拆下，将主控阀 1V5 的输入端口直接与压缩空气相接（接于多路接口器）。

③ 用两个插塞式接头替换主控阀 1V5 的两个消声器，并将接头与节流止回阀连接，即排气口受节流控制，调节节流阀的螺母可以改变振动频率。

④ 通过排气节流控制，可使前向和反向行程以不同的速度运动。

（7）**结论** 完成满足上述要求的文件。

初始位置
在初始位置，假设气缸处于前进的末端位置，且滚轮杆行程阀1S3
处于激励状态下。主控阀1V5右端处于转换状态。换向阀1V2也处
于右端的转换状态

步骤1-2
按下1S4按钮，触发换向阀1V2。在延时阀1V1的气孔一端产生气压。
主控阀1V5由滚轮杆行程阀1S3和或门阀1V4控制、气缸缩回。回程
时，滚轮杆行程阀1S2不会对气缸产生影响。当气缸缩回到末端位置
时，将触发滚轮杆行程阀

步骤2-3
当触发滚轮杆行程阀1S1，主控阀1V5进行切换。气缸伸出，达到滚轮
杆行程阀1S2的位置

步骤3-4
当气缸达到滚轮杆行程阀1S2位置时，运动方向再次被切换。阀1S2、
1V4和1V5的转换过程只持续几毫秒

步骤4-5
参见步骤2-3

往复运动
气缸在两个滚轮杆行程阀1S1和1S2之间做往复运动，直到达到设定时
间$t=5s$

步骤n-2到n
当延时阀1V1进行转换后，换向阀1V2进行切换。滚轮杆行程阀1S2和
1S3不再供气。气缸回到初始位置

图 3-52　工作过程及步骤

第4章

气动逻辑控制系统设计

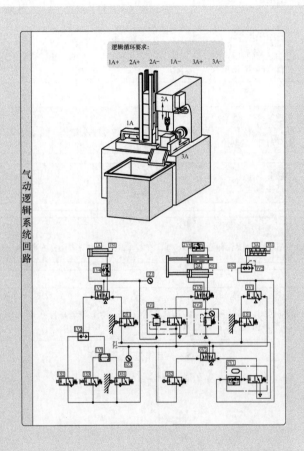

气动逻辑系统回路

本章重点内容

- 理解气动逻辑系统分类及定义
- 掌握气动时序、非时序逻辑系统工作原理
- 掌握气动逻辑系统设计方法

气动逻辑系统是自动生产线和机器人中广泛应用的一种控制方式。气动逻辑系统的分类及控制原理和特点见表 4-1。

表 4-1　气动逻辑系统的分类及控制原理和特点

分类	控制原理	特点
非时序逻辑	输入、输出与时间和顺序无关的逻辑控制	输入变量值是随机的,无先后顺序
时序逻辑	输入、输出按一定的顺序进行的逻辑控制	输入信号不是随机的,而是有序的

4.1　非时序逻辑系统设计

4.1.1　非时序逻辑设计步骤

（1）问题的特点　输入变量取值是随机的,没有时间顺序。系统输出只与输入变量的组合有关,与输入变量取值的先后顺序无关。

（2）设计步骤　分析问题→绘制卡诺图→化简逻辑函数→写逻辑函数→绘制逻辑原理图→绘制控制回路图,具体设计步骤框图如图 4-1 所示。

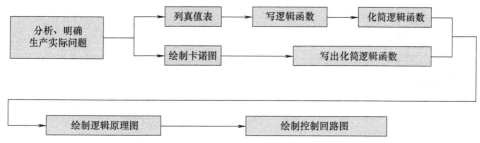

图 4-1　非时序逻辑问题设计步骤框图

4.1.2　逻辑代数设计法

"逻辑"表示思维的规律,它是逻辑回路的设计基本,是分析、设计和简化逻辑回路常用的数学工具。

（1）逻辑代数中的两个逻辑量　"0"和"1",并不是两个数,而是表示相互独立的两个状态。气动系统中输入和输出的状态所反映的逻辑关系正是逻辑代数研究的问题,逻辑代数数量与气动系统对应关系见表 4-2。

表 4-2　逻辑代数量与气动系统对应关系

项　目	输入量 a（气源状态）		输出量 s（气缸状态）	
逻辑代数量	0	1	0	1
气动系统	无气状态	有气状态	气缸退回	气缸伸出

（2）逻辑代数的三种基本运算　"或"运算、"与"运算、"非"运算。

（3）逻辑代数的基本运算规律　见表 4-3。

表 4-3　逻辑代数的基本运算规律

名　称	公　式
基本运算法则	$A+0=A;A+1=1;A+A=A;A+\overline{A}=1;A \cdot 1=A;A \cdot 0=0;A \cdot A=A;A \cdot \overline{A}=0$
交换律	$A+B=B+A;A \cdot B=B \cdot A$

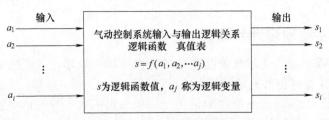

名　称	公　式
结合律	$(A+B)+C=A+(B+C)$；$(A \cdot B)C=A \cdot (B \cdot C)$
分配律	$A \cdot (B+C)=A \cdot B+A \cdot C$
否定之否定	$\overline{\overline{A}}=A$
吸收率	$A+AB=A$；$A+\overline{A}B=A+B$；$AB+A\overline{B}=A$；$AB+\overline{A}C+BCD=AB+\overline{A}C$；$A(A+B)=A$；$A \cdot (\overline{A}+B)=AB$；$(A+B) \cdot (A+\overline{B})=A$；$(A+B)(\overline{A}+C)(B+C+D)=(A+B) \cdot (\overline{A}+C)$
反馈率	$\overline{A+B}=\overline{A} \cdot \overline{B}$；$\overline{A \cdot B}=\overline{A}+\overline{B}$

（4）逻辑函数及其化简

① 逻辑函数定义　图 4-2 所示为气控逻辑控制系统。

图 4-2　气动逻辑控制系统

② 逻辑函数化简

a. 将输入与输出的逻辑关系列成表（即真值表）。

b. 由真值表采用积和式或和积式写出化简逻辑函数。

（5）逻辑代数法实例　真值表见表 4-4。

表 4-4　真值表

a_1	a_2	a_3	s
0	0	0	0
1	0	0	0
0	1	0	0
1	1	0	1
0	0	1	0
1	0	1	1
0	1	1	1
1	1	1	1

应用积和式，对应 $s=1$ 的变量先取积式，再取这些积式之和（变量中 1 为 a，0 为 $\overline{a}$）。

$$s=a_1 \cdot a_2 \cdot \overline{a_3}+a_1 \cdot \overline{a_2} \cdot a_3+\overline{a_1} \cdot a_2 \cdot a_3+a_1 \cdot a_2 \cdot a_3$$

应用和积式，对应 $s=0$ 变量组，先取和式，再取这些和式之积。应用逻辑运算规律求出化简逻辑函数，绘制逻辑原理图和控制回路图。

4.1.3　卡诺图设计法

卡诺图设计法是利用卡诺图直接写出描述的实际问题并化简逻辑函数的图解方法，可避免复杂的逻辑运算，应用起来便捷简单。

（1）卡诺图结构　卡诺图用方格代表变量组合的积，变量为 n，有 2^n 个组合的积。n 个变量的卡诺图就有 2^n 个方格。具体格式如图 4-3 所示。

（2）逻辑函数的卡诺图表示法　见表 4-5。

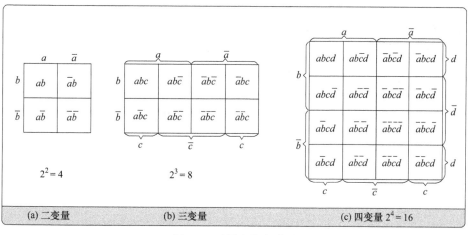

<table>
<tr><td colspan="3">(a) 二变量</td></tr>
</table>

(a) 二变量 $2^2 = 4$ (b) 三变量 $2^3 = 8$ (c) 四变量 $2^4 = 16$

图 4-3　不同变量卡诺图

表 4-5　卡诺图与变量积的关系

变量组合 $a\,b\,c$	输出 s	卡诺图表示
组合积 $a \cdot b \cdot c$	1	占有方格
组合 $\bar{a} \cdot \bar{b} \cdot \bar{c}$	0	不占有方格

（3）卡诺图化简逻辑函数的规则　见表 4-6。

表 4-6　卡诺图化简逻辑函数的规则

卡诺图常用逻辑运算规则	卡诺图化简规则
$a+\bar{a}=1$	任意满足要求的正方形和矩形的 2^n 格圈起，可消去 n 个变量
$a+1=1$	尽可能多地圈格数，以便多消去变量
$a+a=a$	同一格可反复被不同的正方形和矩形圈起
$1 \cdot a=a$	满足要求的逻辑函数在卡诺图上占有的方格都要取用
$a+\bar{a} \cdot \bar{b}=a$	

4.1.4　非时序逻辑系统设计实例

这里主要介绍采用卡诺图法设计。

实例 1　公共汽车门用气动控制系统设计。

司机和售票员各有一个气动开关控制车门。要求：为安全起见，司机和售票员都发出关门信号，门才关；车到站，一人发出开门信号，门就开。若车门用单作用缸驱动，控制阀用手动二位三通换向阀，试设计该气控回路。

设司机和售票员的气动开关为 a、b，开门信号为 1，关门信号为 0，门开 s 为 1。

（1）绘制卡诺图　如图 4-4（a）所示。

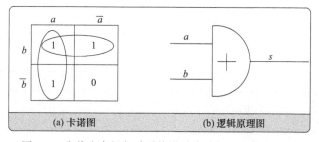

(a) 卡诺图　　　　(b) 逻辑原理图

图 4-4　公共汽车门气动系统设计卡诺图、逻辑原理图

（2）写逻辑函数化简逻辑式　$s=a+b$。

（3）绘制逻辑原理图　如图4-4（b）所示。

（4）绘制气动系统图　如图4-5所示，单作用气缸驱动报警装置；两个手控换向阀控制或门阀的输入，两个手控换向阀中任意一个有输入信号，或门阀就有输出，传输给报警装置；两个受控制换向阀，一个由司机操作，另一个由售票员操作。

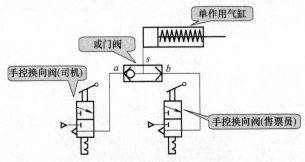

图 4-5　气动系统图

实例 2　某生产自动线气动控制系统设计。

自动生产线上要控制温度、压力、浓度三个参数，任意两个或两个以上达到上限，生产过程将发生事故，此时应自动报警。设计自动报警气控回路。

设温度、压力、浓度为三个输入的逻辑变量 a、b、c，达到上限记1，低于下限记0，报警记 $s=1$，不报警记 $s=0$。

（1）绘制卡诺图　如图4-6（a）所示，根据实际要求，图中1、2、4、5格中填入1，其余格填入0，表示逻辑函数占有1、2、4、5格。1、2格组成矩形去掉变量 a 得 $b\cdot c$，其他如此化简。

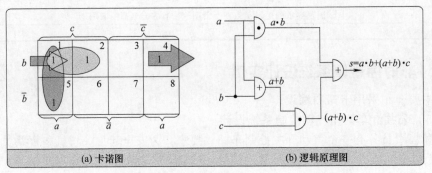

图 4-6　自动生产线逻辑系统设计卡诺图、逻辑原理图

（2）在卡诺图上直接化简逻辑函数　见表4-7。

表 4-7　逻辑函数化简

卡诺图个数组合	去掉变量	得到逻辑函数
1、2 组合	a	$b\cdot c$
1、5 组合	b	$a\cdot c$
1、4 组合	c	$a\cdot b$
总逻辑函数		$s=a\cdot b+a\cdot c+b\cdot c$

（3）写逻辑函数化简逻辑式　$s=b\cdot c+a\cdot c+a\cdot b=a\cdot b+(a+b)\cdot c$。

（4）绘制逻辑原理图　如图 4-6（b）所示。

（5）绘制气动系统图　如图 4-7 所示，压力和浓度达到上限，控制逻辑与元件 1 有输出；压力、浓度变量任意一个有信号，逻辑或元件输出；温度和逻辑或元件有信号，控制逻辑与元件 2 有输出；压力、浓度、温度任意两个以上达到上限，系统报警装置有输出信号。

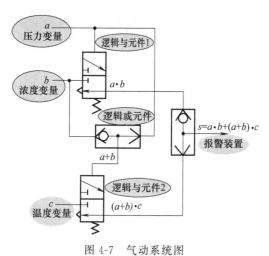

图 4-7　气动系统图

4.2　时序逻辑系统设计

各种自动化机械或自动生产线大多是依靠程序控制来工作的。程序控制是指根据生产过程的要求使被控制的执行元件按预先规定的顺序协调动作的一种自动控制方式。

4.2.1　时序逻辑系统简介

（1）气动程序控制分类　根据控制方式不同，气动程序控制分类见表 4-8。

表 4-8　气动程序控制分类

分　类	控　制　方　式
时间程序控制	是指各执行元件的动作顺序按时间顺序进行的一种自动控制方式,时间信号通过控制线路,按一定的时间间隔分配给相应的执行元件,令其产生有顺序的动作,是一种开环控制系统
行程程序控制	一般是一个闭环程序控制系统,它是前一个执行元件动作完成并发出信号后,才允许下一个动作进行的一种自动控制方式。行程程序控制系统包括行程发信装置、执行元件、程序控制回路和动力源等部分

混合程序控制的控制系统中除了有时间和行程程序控制，还包含压力、流量等控制要求。时序逻辑控制也称顺序控制或行程程序控制。

（2）气动程序控制框图

① 时间程序控制框图　如图 4-8 所示。

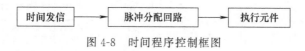

图 4-8　时间程序控制框图

② 行程程序控制框图　如图 4-9 所示。

图 4-9　行程程序控制框图

4.2.2　时序逻辑系统特点及组成

（1）**控制特点**　系统的输出不仅与输入信号的组合有关，还与输入信号的先后顺序有关，输入信号不是随机的，是严格按照先后顺序的。行程程序控制是典型的时序逻辑控制系统，其控制框图如图 4-10 所示。

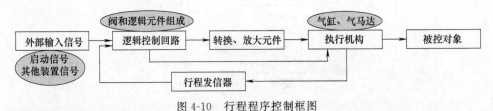

图 4-10　行程程序控制框图

（2）**时序逻辑控制回路组成**　见表 4-9。

表 4-9　时序逻辑控制回路组成

名称	功　用	典型元件
行程发信器	它将执行机构的位置信号转变成气（电）信号，再反馈送给逻辑控制回路的位置传感器	行程阀、电气行程开关、喷嘴挡板机构
逻辑控制回路	它是由具有一定逻辑功能的运算、记忆、延时等元件组成的逻辑运算单元，把接收到的信号经过综合处理后，发出指令控制执行元件工作	由气控元件组成的逻辑回路称为全气动回路
转换、放大元件	它将信号转换或放大，以便推动执行元件	各种转换器、放大器
执行元件	它是对外做功的装置。按一个工作循环中执行元件往复次数分为单往复和多往复两种行程程序控制	气缸、气马达、气动阀门

（3）**完整的气动系统组成**　气源系统、调速回路、行程程序控制回路、手动与自动转换装置、显示装置。

4.2.3　气动行程程序控制系统设计简述

为了准确描述气动行程程序动作、信号、相位间的关系，必须用规定的符号、数字规范地表示，如图 4-11 所示。

（1）**符号规定**　见表 4-10。

表 4-10　符号规定

气动系统组成部分	符　号　规　定	
执行元件	大写字母 A、B 等	A1 表示气缸活塞杆伸出
		A0 表示气缸活塞杆退回
执行信号（主控阀气控信号）	对应 A、B 加 * 号	A1* 表示控制 A 缸伸出执行信号
		A0* 表示控制 A 缸退回执行信号
输入信号（行程阀传感器）	初始信号	a_0 等
	末端信号	a_1 等

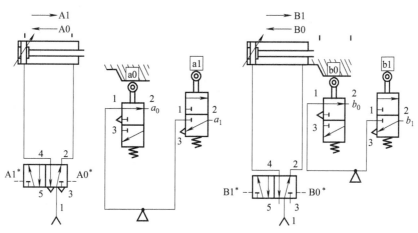

图 4-11 气动行程程序动作、信号、相位示意图

（2）行程程序的相位与状态　用程序式表示行程程序气缸的动作顺序。

① A 缸伸出→B 缸伸出→B 缸退回→A 缸退回。

② 列出动作顺序的程序式，如图 4-12 所示。

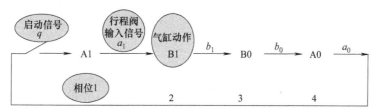

图 4-12　程序式

③ 程序式简写形式　[A1，B1，B0，A0]。程序式中四个动作将整个程序分为四段，每一段为一个相位，每一个相位都是前一个输入信号（行程阀到位状态）激活主控信号。

（3）动作顺序及输入信号状态的表示方法　对执行元件的运动顺序及发信开关的作用状况，必须清楚地把它表达出来，尤其对复杂顺序及状况，必须借助于运动图和控制图来表示，这样才能有助于气动程序控制回路图的设计。

① 运动图　是用来表示执行元件的动作顺序及状态的，按其坐标表示的不同可分为位移步骤图和位移时间图。

a. 位移步骤图如图 4-13 所示，把 a_0、b_0 用二进制表示为 00，再转换为十进制表示为 0。输入信号为机控行程阀，气缸伸出为 A1，退回为 A0，1、2、3、4代表每步相位所发生的动作。

图 4-13 所示中输入信号在第 2、4 相位重合，不能直接用主控信号控制下一个顺序动作，此程序为非标准程序。

b. 位移时间图　位移步骤图仅表示执行元件的动作顺序，而执行元件动作的快慢则无法表示出来。位移时间图用来描述控制系统中执行元件 1 状态随时间变化

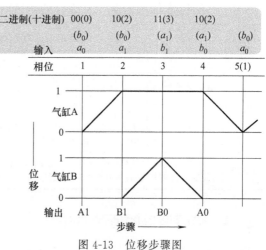

图 4-13　位移步骤图

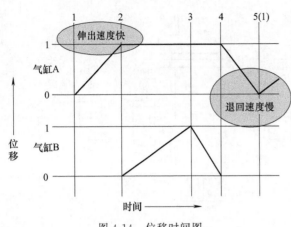

图 4-14　位移时间图

的规律。如图 4-14 所示，横坐标表示动作时间，纵坐标表示位移（气缸的动作），从图中可以清楚地看出执行元件动作的快慢。气缸 B（第二节拍）比气缸 A（第一节拍）伸出用的时间长（代表 A 伸出速度快）；气缸 B 比气缸 A 退回时间短（代表 B 缸退回速度快）。

② 控制图　用于表示输入信号元件及控制元件在各步骤中的转换状态，转换时间不计。图 4-15 所示行程开关在步骤 2 开启，在步骤 4 关闭。

③ 全功能图　通常可在一个图上同时表示出运动图和控制图，这种图称

为全功能图，如图 4-16 所示。借助于全功能图，可以检测程序中的障碍步，采用相应的消除障碍的方法，避免障碍信号。图 4-16 中信号重叠，可以用脉冲滚轮行程阀代替限位开关，以此可以避免障碍信号。

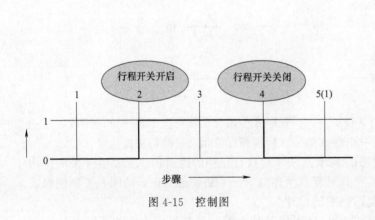

图 4-15　控制图

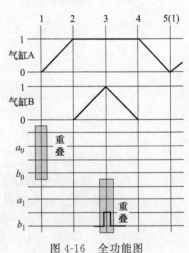

图 4-16　全功能图

（4）气动行程程序分类　从设计的角度看，气动行程程序分类见表 4-11。

表 4-11　气动行程程序分类

程序类型	名称	定　义	程序动作实例
标准程序	无障碍	每个动作输出都能够用到位的输入信号直接控制下一个动作执行(此程序信号都是原始信号)	[A1,B1,A0,B0]
	有障碍	程序中部分执行信号不能直接选用原始信号，但可在原始信号逻辑组合中找到需要的执行信号。障碍可以用原始信号的逻辑组合来排除	[A1,B1,C1,A0,C0,B0]
非标准程序		程序部分执行信号既不能选用原始信号本身，也不能在原始信号的逻辑组合中找到，需要增加记忆元件	[A1,B1,B0,A0]

4.2.4　障碍信号的消除方法

用延时阀消除障碍信号是常用方法之一。如图 4-17 所示，采用延时阀和原始信号逻辑

与的组合，切断并消除障碍信号。

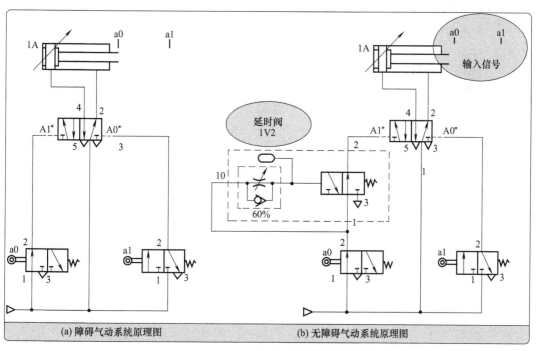

(a) 障碍气动系统原理图　　　　　　　(b) 无障碍气动系统原理图

图 4-17　延时阀消除障碍回路

在图 4-17（a）所示的回路中，阀 a0、a1 为信号元件，当行程阀 a0 被压住时，主控方向阀左边控制口有执行信号 A1*（有气），使阀芯切换，气缸 1A 伸出。当活塞杆压下行程阀 a1 时，主控阀的左边控制口还有气，则虽然右边控制口有气，但阀芯无法切换，气缸 1A 就无法后退，这里主控阀左端控制口的信号 A1* 是障碍信号。因此，在控制回路的行程阀 a0 到主控阀的左端控制口之间加入延时阀 1V2，用以消除此障碍信号。如图 4-17（b）所示，即当阀 a0 被压住时，其输出信号在延时阀设定时间 t 之后立即被切断，这样，当主控阀右端控制口有气时，气缸就能后退。

常用障碍信号的消除方法见表 4-12。

表 4-12　常用障碍信号的消除方法

消除障碍方法	消障原理	特　点	使用元件职能符号
采用单向滚轮杠杆阀	使气缸在一次往复动作中只发出一个脉冲信号，把存在障碍的长信号缩短为脉冲信号	用这种方法排除障碍信号，其结构简单，但靠它发信的定位精度较低，需要设置固定挡块来定位，当气缸行程较短时不宜采用	
采用延时阀	利用长通型延时阀切断长信号	在用经验法设计气动回路时较常用	
采用记忆元件（脉冲阀）	用记忆元件的不同控制端记忆并重新组合障碍信号	常用于串级法中，消除障碍信号非常有效	

4.2.5 气动行程程序设计步骤

（1）气动行程程序设计步骤框图 如图 4-18 所示。

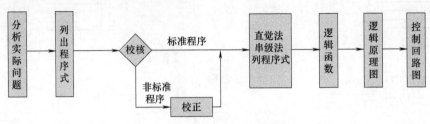

图 4-18 气动行程程序设计步骤框图

（2）行程程序的表示方法

① 用动作次序表示 行程程序是根据控制对象的动作要求提出来的，因此可用执行元件及其所要完成的动作次序来表示，如图 4-19 所示。

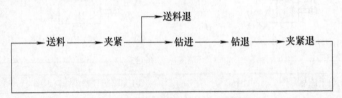

图 4-19 用执行元件动作次序表示

② 用文字符号和动作结合表示 为了便于设计程序控制回路，把所有气缸、行程阀的文字符号标注在动作程序上，如用 A 表示送料缸，B 表示夹紧缸，C 表示钻削缸，根据动作程序，把气缸动作 A1、A0、B1、B0 等标注在相应动作名称的下方，各动作的先后次序用箭头代表，箭头上标注出上一动作结束时发出的行程信号，如动作 A1 结束时发出的信号 a_1 等，如图 4-20 所示。

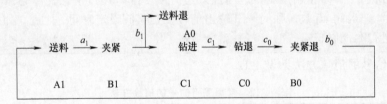

图 4-20 用文字符号和动作结合表示

③ 用文字符号表示 为设计和书写方便，常将文字省略，这样即可将程序简化为图 4-21 所示形式。

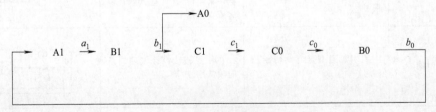

图 4-21 用文字符号表示

④ 用数字编号表示 如果对控制程序中每个动作的先后次序进行编号，还可以进一步把程序简化为如图 4-22 所示形式。

图 4-22　用数字编号表示

4.2.6　气动行程程序经验设计法

（1）**经验法设计原理**　经验法就是通常所说的传统法，即回路设计靠设计者的经验和能力完成。较简单的动作顺序用经验法可以很快完成，但复杂的控制，此方法不适用。一方面容易设计错误，另一方面不易诊断、维修。利用经验法进行障碍信号的排除，一般采用单向滚轮杠杆阀。

（2）**经验法设计实例**

实例 1　经验法设计标准无障碍气动行程程序系统。

某一气动机械有 A、B 两个缸，两缸的动作顺序是 A 缸前进之后 B 缸再前进，然后 A 缸后退，B 缸再后退。动作顺序要求为 [A1，B1，A0，B0]。设计气动控制原理图。

① 绘制气动主控系统原理图　如图 4-23 所示。

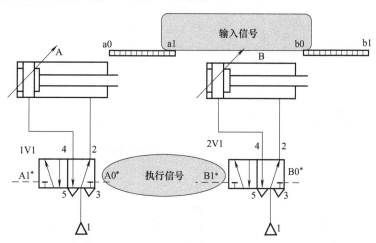

图 4-23　气动主控系统原理图

② 列程序式　如图 4-24 所示。

③ 写出化简的执行信号逻辑函数式　执行信号：$A1^* = q \cdot b_0$；$B1^* = a_1$；$A0^* = b_1$；$B0^* = a_0$。$A1^*$、$B1^*$ 为缸活塞杆伸出的执行信号；$A0^*$、$B0^*$ 为缸活塞杆退回的执行信号，a_0、a_1、b_0、b_1 为缸的首末端输入信号。

④ 绘制位移步骤图　如图 4-25 所示。

⑤ 绘制气动控制回路原理图　按位移步骤图和程序式联合得出执行信号逻辑函

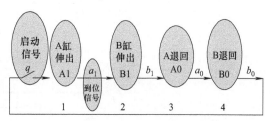

图 4-24　[A1，B1，A0，B0] 程序式

图
解
电
气
气
动
技
术
基
础

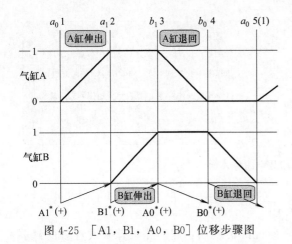

图 4-25 [A1，B1，A0，B0] 位移步骤图

输出）。

数，可绘制气动控制回路原理图，如图4-26所示，图上显示的为气动基本元件（行程阀的控制状态及结构未表示出来）。

⑥ 绘制全功能图 如图 4-27 所示，确定是否有障碍信号。从全功能图中也可看出，启动开关 1S1 和行程阀 b1、b0、a1、a0 在一个循环内产生的信号是没有重叠的。程序为标准无障碍程序。

⑦ 绘制单一循环气动控制回路原理图 完整的单一循环气动控制回路原理图如图 4-28 所示，图中阀 1S 为系统气源开关，a0、b0 为初始气缸压下状态（已经有

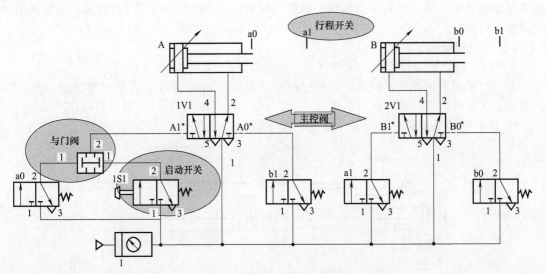

图 4-26 气动控制回路原理图

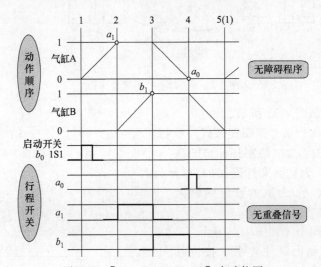

图 4-27 [A1，B1，A0，B0] 全功能图

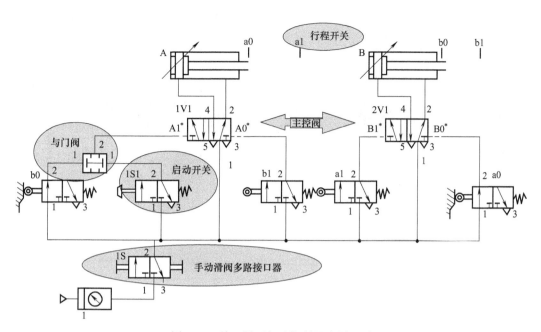

图 4-28　单一循环气动控制回路原理图

⑧ 绘制自动循环气动控制回路原理图　根据控制需要，加入辅助状况，如自动连续往复循环、紧急停止等操作。通常辅助状况的加入均在单一循环回路设计完成之后再考虑较为方便。若要改成自动连续往复循环，把启动开关 1S1 改为可锁定结构的开关即可。当 B 缸后退压到 b0 时，A 缸即可前进，产生另一次循环，如图 4-29 所示。

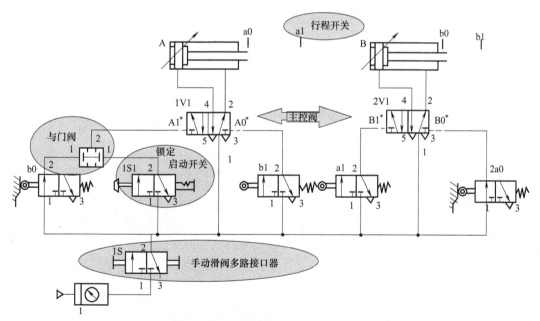

图 4-29　自动连续往复循环控制回路原理图

实例 2　设计标准有障碍气动行程程序系统，动作顺序为 [A1，B1，C1，A0，C0，B0]。

① 绘制气动主系统原理图　如图 4-30 所示。

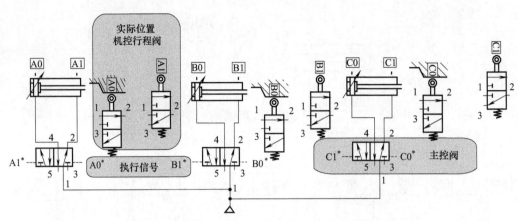

图 4-30　[A1，B1，C1，A0，C0，B0] 气动主系统原理图

② 列程序式并写出执行信号逻辑函数式　如图 4-31 所示。

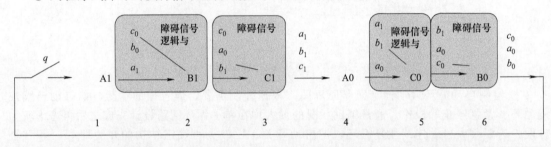

图 4-31　程序式、执行信号逻辑函数式

③ 单一循环气动控制回路原理图　如图 4-32 所示，此系统为有障碍标准程序。

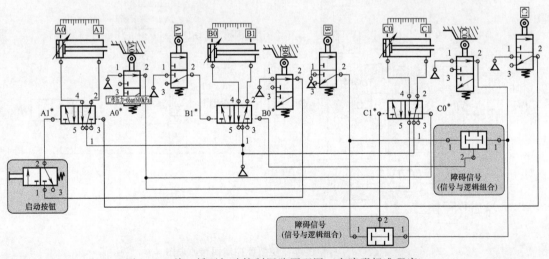

图 4-32　单一循环气动控制回路原理图（有障碍标准程序）

4.2.7　气动行程程序串级设计法

在某些情况下，如果原始信号、主控阀的输出信号都不能满足制约条件，在经验法中一

般采用单向滚轮杠杆阀或延时阀来消除障碍信号。但对于复杂顺序动作控制回路用此方法不方便，可在系统回路中插入记忆元件，借助于记忆元件的输出来消除信号障碍段。这是一种控制回路的隔离优化设计法。记忆元件作信号的转接用，即利用 4/2 双气控阀或 5/2 双气控阀以阶梯方式顺序连接，从而保证在任一时间只有一组输出信号，其余组为排气状态，使主控阀两侧的控制信号不同时出现。

（1）转换气路及记忆元件关系　如图 4-33 所示。

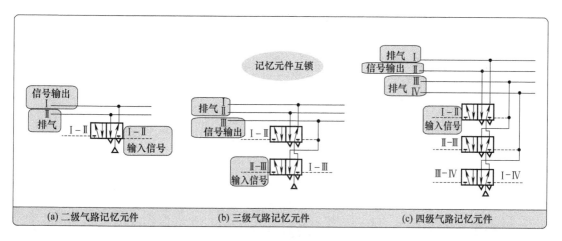

图 4-33　各级转换气路

（2）记忆元件原理　图 4-33 说明了各级回路中输入和输出信号的情形。图 4-33（a）中，如记忆元件右端 I-II 有输入信号，第一气路就有信号输出，第二气路必须排气，保持只有一组输出信号，其余组均为排气状态。图 4-33（b）所示原理相同，为三级转换。图 4-33（c）所示为四级转换的情形。

采用此种方法插入记忆元件，消除障碍信号比较容易，且是建立在回路的实际操作程序中的，是一种有规则可循的气动回路设计法。但应注意，在控制操作开始前，压缩空气通过串级中的所有阀。另外，当串级中的记忆元件切换时，由该阀自身排放空气，因此只要有一个阀动作不良，就会出现不良开关转换作用。

在设计回路中，需要多少输出管路和记忆元件，要按动作顺序的分组而定。例如，动作顺序分为四组则要输出四条管路，记忆元件的数量则为组数减一（即为三个记忆元件）。

（3）串级法设计实例

实例 1　用串级法设计非标准气动行程系统，动作顺序表示为 [A1，B1，B0，A0]。

① 单循环设计步骤

a. 按气缸动作顺序 [A1，B1，B0，A0] 分组，分组的原则是同一组内每个英文字母只能出现一次。分组的组数即是输出管路数。按照动作顺序分 2 组，选择 1 个记忆元件即可，如图 4-34 所示。

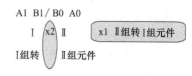

图 4-34　气动动作顺序分组

b. 绘制气动主系统基本元件，如图 4-35 所示。

c. 列程序式，如图 4-36 所示，A1、B1 为 I 组，B0、A0 为 II 组，x1、x2 为转换元件（记忆信号）。

d. 写出执行信号逻辑函数：$A1^* = x_1$；$B1^* = a_1$；$x_2 = b_1$；$B0^* = x_2$；$A0^* = b_0$；$x_1 = q \cdot a_0$；a_1、b_1 取气于管路 I，a_0、b_0 取气于管路 II。

e. 画出输出管路数及记忆元件、气动系统单循环图，如图 4-37 所示。系统的初始状态

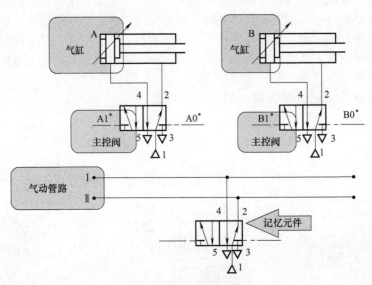

图 4-35　气动主系统基本元件

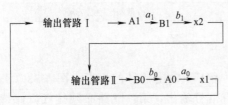

图 4-36　程序式

a0、b0 被压下；启动信号和 a0 逻辑与组合，系统启动；两组气路，增加 1 个记忆元件，两控制端互锁。

② 辅助功能设计原理　在设计回路时应该从安全、可靠、经济及现有条件等方面综合考虑，确定方案，并根据工艺上其他要求逐步完善控制系统的功能。对每一台功能齐全的设备来说，还要根据启动、停止、自动及手动控制需要，加入辅助状况如连续自动往复循环、紧急停止等操作。通常辅助状况的加入均在单一循环回路设计完成之后再考虑较为方便。

a. 紧急停止回路如图 4-38 所示。按下急停按钮 EM，所有缸在任何位置均立即退回到起始位置。按下急停解除按钮 REM，整个系统方可重新启动。通常当按下紧急按钮时，必须将供气回路信号送到主控阀后退控制口；同时保证另一控制口没有信号，并必须使记忆阀复位。

b. 单循环和连续循环转换是一种常用的回路，如图 4-39 所示。[A1，B1，B0，A0] 单循环和连续循环气动系统回路原理图，如图 4-40 所示。

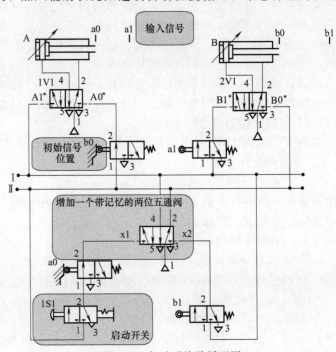

图 4-37　气动系统单循环图

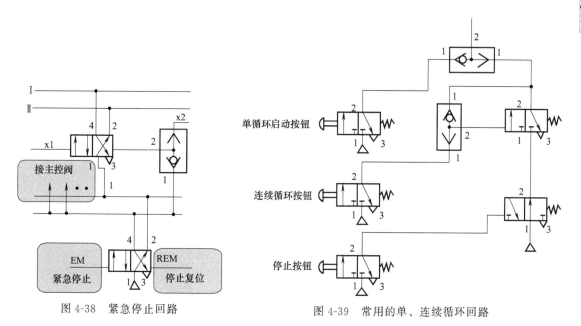

图 4-38　紧急停止回路

图 4-39　常用的单、连续循环回路

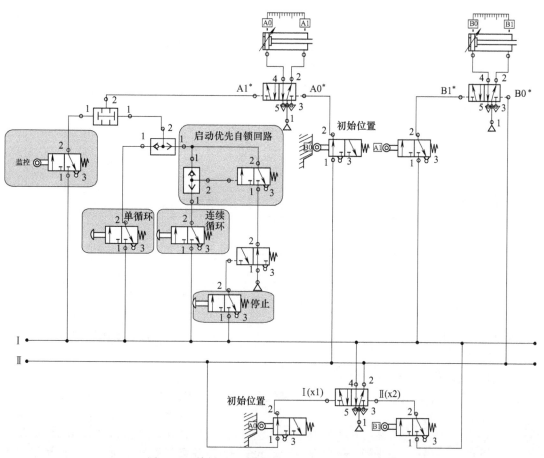

图 4-40　单循环和连续循环气动系统回路原理图

c. 全气动系统回路原理图如图 4-41 所示，可以看出以下几个辅助状况。

ⅰ. 按下单循环启动按钮时，系统完成一个工作循环，然后停止在起始位置。

ⅱ．按下连续循环按钮时，系统自动连续操作，直到按下停止按钮才将循环切断。

ⅲ．按下急停按钮 EM，所有缸在任何位置均立即退回到起始位置。按下急停解除按钮 REM，整个系统方可重新启动。

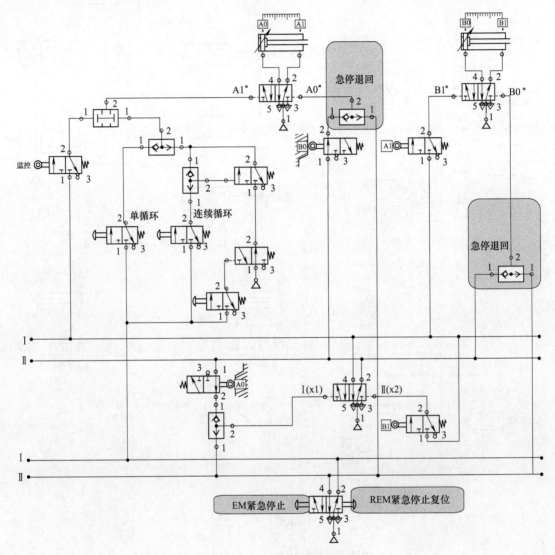

图 4-41　全气动系统回路原理图

实例 2　用串级法设计 [A1，D1，C1，A0，B1，C0，B0，D0] 动作顺序的单循环气动回路原理图。

① 按气缸动作顺序分组　如图 4-42 所示。

A1，D1，C1／A0，B1，C0／B0，D0

　Ⅰ　(x2)　Ⅱ　(x3)　Ⅲ　(x1)
记忆　　　 记忆　　　 记忆
元件　　　 元件　　　 元件

图 4-42　[A1，D1，C1，A0，
B1，C0，B0，D0] 分组
注：此动作循环分三级。

② 绘制气动主系统基本元件　如图 4-43 所示。

③ 列程序式　如图 4-44 所示。a_1、d_1、c_1 气源取自 x1 气路，a_0、b_1、c_0 气源取自 x2 气路，b_0、d_0 气源取自 x3 气路。x1、x2、x3 为各级气路转换元件，x1 为 Ⅲ-Ⅰ 元件，x2 为 Ⅰ-Ⅱ 元件，x3 为 Ⅱ-Ⅲ 元件。

④ 执行信号逻辑函数　$x_1 = d_0$，$x_2 = c_1$，$x_3 = c_0$；$A1^* = q \cdot x_1$，$D0^* = a_1$，$C1^* = d_1$，$A0^* = x_2$，$B1^* =$

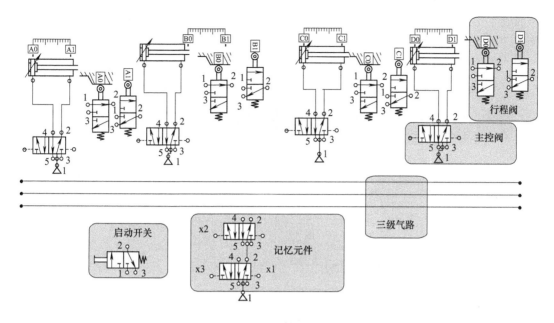

图 4-43 ［A1，D1，C1，A0，B1，C0，B0，D0］气动主系统基本元件

a_0，$C0^* = b_1$；$B0^* = x_3$，$D0^* = b_0$。

⑤ 画出输出管路数及记忆元件、气动系统单循环图如图 4-45 所示。

（4）在动作循环中一个执行元件重复动作的系统

设计要求 在前述串级法中介绍的气缸动作程序设计的例子中，每个气缸在一个循环内只动作一次，气缸的动作可用设置在气缸端点的行程开关来完成顺序控制中信号传递的任务，且行程开关的供气口均靠串级管路供给；但如在一个循环中，同一个气缸的动作有重复现象，则传递信号的行程开关的供气口不再来

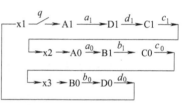

图 4-44 ［A1，D1，C1，A0，B1，C0，B0，D0］程序式

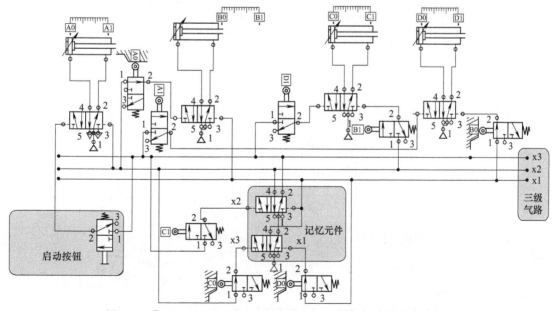

图 4-45 ［A1，D1，C1，A0，B1，C0，B0，D0］气动系统单循环图

自串级管路中的任一组，必须给一个不受管路分组影响的独立气源，再配合双压阀与串级管路搭配，得到所需控制信号。

图 4-46 所示为某系统动作顺序要求，系统回路原理图如图 4-47 所示。

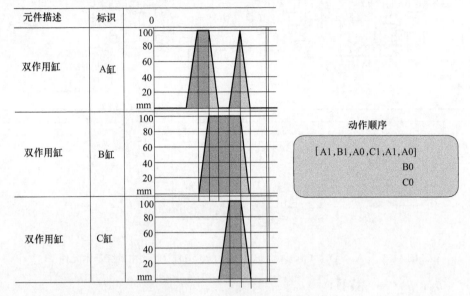

元件描述	标识	
双作用缸	A缸	
双作用缸	B缸	
双作用缸	C缸	

动作顺序

[A1,B1,A0,C1,A1,A0]
B0
C0

图 4-46　位移步骤图及动作要求

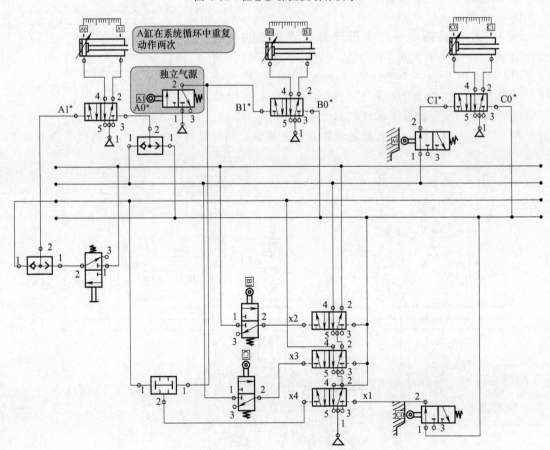

图 4-47　重复动作气动逻辑系统回路原理图

4.3 多执行元件逻辑回路应用实例

4.3.1 元件分离气动系统设计

（1）任务要求

① 设计元件分离气动系统，示意图如图 4-48 所示。

② 火花塞的圆柱栓将被两个两个地送到多刀具加工机床加工。

③ 采用两个双作用气缸在一个控制器控制下作一进一退的交替运动。在初始位置，上方的气缸位于前端，圆柱栓被气缸的活塞杆拦住。

④ 启动信号使一个气缸前向运动，另一个气缸反向运动，两个火花塞圆柱栓滚入加工机床。

⑤ 在设定时间 $t_1 = 1s$ 后，第一个气缸回程，第二个气缸进程，下一个工作循环将在时间 $t_2 = 2s$ 后进行。

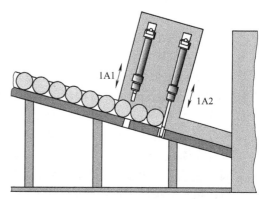

图 4-48 元件分离气动系统示意图

⑥ 系统的启动是通过装在阀门上的按钮开关，并用一个定位开关阀门来选择单循环工作状态，在供气中断后，分送装置不得自行恢复工作循环。

（2）学习目的

① 熟悉一个主控阀控制两个双作用气缸的间接控制回路。

② 熟练掌握"中断优先"的自锁回路设计与安装。

③ 了解延时阀替代回路的构造。

④ 认识在供气压力低的情况下并联产生的问题。

（3）设计及构建回路条件

① FluidSIM-P 气动仿真软件及 PC 机。

② FESTO DIDACTIC 气动培训设备 TP100。

③ 组接回路所用元件见表 4-13，完成表 4-13 所列内容。

表 4-13 元件表

元件名称	功能	位置	数量
调整装置			
3/2 手动滑阀的多路接口器			
3/2 换向阀			
双作用气缸			
5/2 气控双稳记忆阀			
3/2 滚轮杆行程阀			
5/2 阀（安有手控开关）			
节流止回阀			
或门阀			
延时阀			
与门阀			

（4）参考设计回路原理图 如图 4-49 所示。

（5）调试步骤

① 阀门 1.2、1.4、1.6 和 1.8 组成了"中断优先"的自锁回路（相当于复位优先的 RS-触发器），如果带定位开关的阀门 1.4 复位，自锁中断，该系统在供气中断后重新供气的情况下，不会自行启动开始新的工作循环。

② 气缸 1.0/1 的初始位置在尾端，气缸 1.2/2 在前端位置，阀门 1.10 的滚轮杆被压下，因此通过延时阀 1.12 输出一个信号。

③ 按下启动按钮开关阀 1.2，阀门 1.8 换向，这样与门阀 1.14 左右两端都有信号，因而动作是主控阀 1.1 换向，两个气缸同时做相反的运动达到终端，两个火花塞圆柱栓被送入加工机床，这时由于滚轮杆行程阀 1.3 被压下，输出信号到延时阀 1.5，压缩空气经节流阀进入储气室，延时时间 t_1 设定为 1s。

④ 当达到延时时间，延时阀 1.5 的 3/2 阀动作，动作压力为 3bar（300kPa），主控阀 1.1 换向，两气缸又运动到各自的相反终端位置，重力使火花塞圆柱栓滚下。

⑤ 滚轮杆行程阀 1.10 被压下，输出信号到延时阀 1.12 经 $t_2 = 2s$ 延时后，与门阀 1.14 的右端接收到压力信号，开始新的循环。

⑥ 如果带定位开关的阀门 1.4 开通，按下阀门 1.2 的按钮开关，系统将连续循环工作，如果将阀门 1.4 返回初始位置，系统将在一个工作循环结束后停下。

注意，用节流止回阀和一段长约 1m 的软管代替延时阀接到主控阀，产生的效果基本相同，但要注意这会产生信号流失。

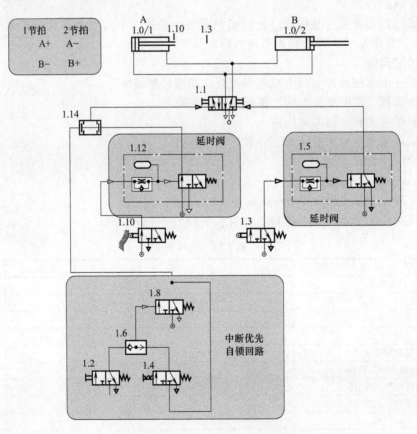

图 4-49 元件分离气动系统回路原理图

（6）扩展练习

① 主控阀 1.1 供气给两气缸，试在主控阀 1.1 输入端接入一个压力调节阀。将工作压力以 1bar（100kPa）依次下降，观察气缸进程和回程动作的变化。注意，由于通常两气缸所受的摩擦阻力是不同的，因此两气缸的同步并行运动只在某一范围内才能达到。

② 阐述自锁回路控制原理。

③ 用串级法设计单循环回路图。

（7）结论　完成满足上述要求的文件。

4.3.2　塑料焊接机气动系统设计

（1）任务要求

① 设计塑料焊接机气动系统，示意图如图 4-50 所示。

② 双作用气缸 1A、2A 上装有一个电热焊接器，工件厚度在 1.5～4mm 之间不等，接缝长度任意。

③ 两个气缸的活塞力通过减压阀来控制，设定值在 4bar（400kPa）。

④ 按下按钮后，两个双作用气缸平行前进，为了控制压力，压力表安装在气缸和单向节流阀之间。

⑤ 经过 15s 后，气缸回到初始位置。

⑥ 按下第二个按钮可以进行回程运动。

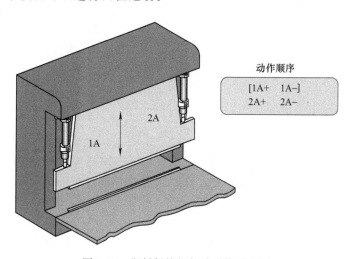

动作顺序

[1A+　1A−
2A+　2A−

图 4-50　塑料焊接机气动系统示意图

（2）学习目的

① 掌握间接控制双作用气缸控制回路的控制原理。

② 了解气缸在行程范围内的快速运动。

③ 熟悉调试过程中利用回路上的压力气动元件和逻辑延时元件保证达到设备运行时的动作压力和时间要求。

④ 学会使用 5/2 气控换向阀的使用。

⑤ 掌握与门元件空中平行动作的逻辑关系。

（3）设计及构建回路条件

① FluidSIM-P 气动仿真软件及 PC 机。

② FESTO DIDACTIC 气动培训设备 TP100。

③ 组接回路所用元件见表 4-14，完成表 4-14 所列内容。

表 4-14　元件表

元件名称	功　能	位置	数量
调整装置			
3/2 手动滑阀的多路接口器			
3/2 换向阀（按钮）			
双作用气缸			
5/2 气控双稳记忆阀			
3/2 滚轮杆行程阀			
调压阀（减压阀）			
节流止回阀			
或门阀			
延时阀			
与门阀			

（4）参考设计回路原理图　如图 4-51 所示。

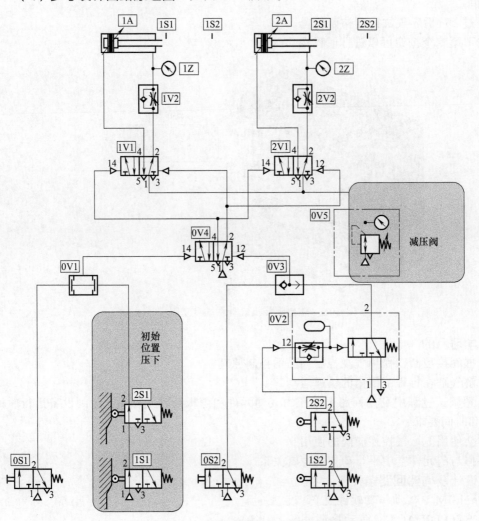

图 4-51　塑料焊接机气动系统回路原理图

（5）**调试步骤** 气动系统动作位移步骤图如图 4-52 所示。需要有四个行程阀，为了进行试验，行程阀（2S2）可以撤除。

① 初始位置。假设两个气缸 1A、2A 缩回到末端位置，滚轮缸行程阀 1S1 和 2S1 启动，主控阀 1V1 和 2V1 以及换向阀 0V4 在左端转换位置上。

② 步骤 1-2。当按下按钮 0S1 时，第一个换向阀 0V4 切换，随后主控阀 1V1 和 2V1 也进行切换，两个气缸伸出，在前进的末端位置，行程阀 1S2 和 2S2 启动，气缸停留在前进的末端位置，延时阀 0V2 的气控口通过行程阀 1S2、2S2 而受压，当经过延时时间 $t = 1.5\text{s}$ 后，延时阀启动。

③ 步骤 2-3。当延时阀 0V2 启动后，三个相同的 5/2 换向阀进行切换，气缸移动到缩回位置，并再次触发行程阀 1S1、2S1。

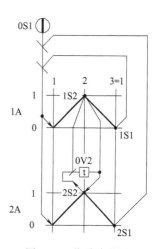

图 4-52 位移步骤图

④ 如果按下 3/2 阀的按钮（0S2），三个相同的 5/2 换向阀（1V1、2V1 和 0V4）进行切换，气缸返回到末端位置。

（6）**扩展练习** 用串级法设计焊接机气动逻辑系统。

（7）**结论** 完成满足上述要求文件。

4.3.3 矿石分类气动系统设计

（1）**任务要求**

① 设计矿石分类气动系统，示意图如图 4-53 所示。

② 矿石从碎石辊机（粉碎机）中通过传送带送到振动筛里筛选。

③ 上方的细筛（1.0）与下方的粗筛（2.0）做相反方向的交替运动。

④ 通过调节供气量将两个双作用气缸的振动频率设置为 $f = 1\text{Hz}$。

⑤ 反向运动是由处于端点的行程开关——滚轮杆行程阀来控制的。

⑥ 第三个气缸（3.0）通过两根缆绳使筛上下振动。

⑦ 筛选机的启动与停止用一个定位开关阀控制。

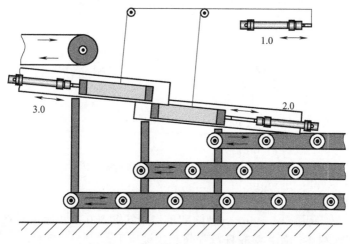

图 4-53 矿石分类气动系统示意图

（2）**学习目的**

① 了解具有独立主控阀的两个双作用气缸和一个单作用气缸的间接控制。

② 认识振动频率可随供气量而变化。

③ 掌握如何用一个信号发生器（滚轮杆行程阀）控制几个主控阀。

（3）设计与构建回路条件

① FluidSIM-P 气动仿真软件及 PC 机。

② FESTO DIDACTIC 气动培训设备 TP100。

③ 构建回路所用元件见表 4-15，完成表 4-15 所列内容。

表 4-15　所用元件

元 件 名 称	功　能	位置	数量
调整装置			
3/2 手动滑阀的多路接口器			
3/2 滚轮杆行程阀			
单作用气缸			
双作用气缸			
5/2 气控双稳记忆阀			
5/2 阀（安有手控开关）			
压力调节阀			

（4）参考设计回路原理图　如图 4-54 所示。

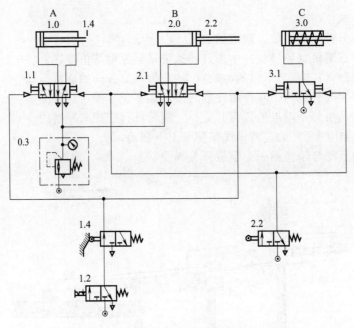

图 4-54　矿石分类气动系统回路原理图

（5）调试步骤

① 初始位置。双作用气缸 1.0——细筛和单作用气缸 3.0 的初始位置在尾端，双作用气缸 2.0——粗筛在前端 2 位置，滚轮杆行程阀 1.4 被压下。

② 扳动定位开关阀 1.2，主控阀 1.1、2.1 和 3.1 换向，气缸 1.0 和 3.0 前向运动，气缸 2.0 反向回程运动，压下行程开关——滚轮杆行程阀 2.2。

③ 滚轮杆行程阀 2.2 动作，使三个主控阀又换向，气缸 2.0 前向运动，气缸 3.0 回程，

气缸 1.0 也回程并压下行程开关——滚轮杆行程阀 1.4。

④ 连续循环。只要定位开关阀 1.2 保持开通，运动过程就不断重复，如果阀门 1.2 复位，则系统在一个循环结束后停止在初始位置。

（6）扩展练习

① 观察三气缸的动作是否同时达到端点？为什么？

② 用串级法设计此系统。

（7）结论　完成满足上述要求的文件。

4.3.4　压实机气动系统设计

（1）任务要求

① 设计压实机气动系统，示意图如图 4-55 所示。

② 垃圾集装压实机的模型工作在最大工作压力 3bar（300kPa）的工况下，它装有预压实机 1.0，包括玻璃破碎机以及主压实机 2.0。

③ 主压实机的最大工作压力为 2200N。

④ 当压下启动开关按钮，预压实机前向运动，然后主压实机前向运动。

⑤ 两个气缸的回程运动是同步的。

（2）学习目的

① 了解用两个主控阀的两个双作用气缸的间接控制。

② 掌握用三个滚轮杆行程阀控制运动步序。

③ 熟悉压力顺序阀的使用。

（3）设计与构建回路条件

① FluidSIM-P 气动仿真软件及 PC 机。

② FESTO DIDACTIC 气动培训设备 TP100。

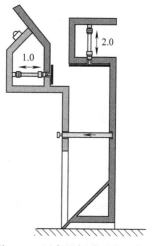

图 4-55　压实机气动系统示意图

③ 构建回路所用元件见表 4-16，完成表 4-16 所列内容。

表 4-16　元件表

元件名称	功能	位置	数量
调整装置			
3/2 手动滑阀的多路接口器			
3/2 换向阀			
5/2 气控双稳记忆阀			
3/2 滚轮杆行程阀			
3/2 阀（安有手控开关）			
压力顺序阀			
双作用气缸			
延时阀			
或门阀（梭阀）			

（4）参考设计回路原理图　如图 4-56 所示。

（5）调试步骤

① 初始位置。两个气缸的初始位置都在尾端，滚轮杆行程阀 1.4 被压下。

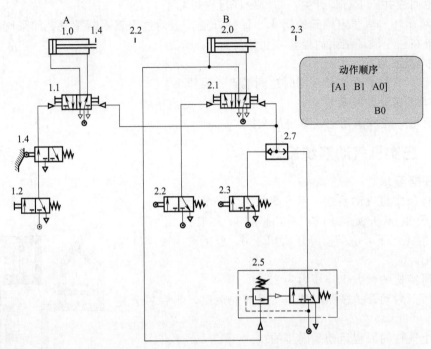

图 4-56　压实机气动系统回路原理图

② 按下按钮开关阀 1.2，主控阀 1.1 换向，气缸 1.0 前向运动，活塞杆凸轮压下行程开关——滚轮杆行程阀 2.2。

③ 滚轮杆行程阀 2.2 动作使主控阀 2.1 换向，气缸 2.0 前向运动，达到前端位置，活塞杆压下滚轮杆行程阀 2.3。

④ 滚轮杆行程阀 2.3 动作，使两个主控阀 1.1 和 2.1 换向，两气缸回程，在气缸 1.0 的尾端位置滚轮杆行程阀 1.4 再次被压下。

⑤ 垃圾箱装满，气缸 2.0 不能达到前端位置，则靠压力顺序阀 2.5 动作，经或门阀 2.7 使两个主控阀换向，两气缸回程。

（6）扩展练习

① 阐述系统的控制原理。

② 用串级法设计系统回路原理图。

（7）结论　完成满足上述要求的文件。

4.3.5　工件夹紧气动系统设计

（1）任务要求

① 设计工件夹紧气动系统，示意图如图 4-57 所示。

② 按下启动按钮，双作用气缸 1A 将工件从料仓推送到加工站。

③ 另一个双作用气缸 2A 与第一个气缸成 $90°$ 方向将工件夹紧，夹紧力为 4bar（400kPa）。

④ 气缸前进时间 $t_1 = t_2 = 1s$。

⑤ 整个夹紧过程可由气动指示灯显示。

⑥ 完成夹紧工作后，按下第二个按钮，两个气缸将做回程运动。

（2）学习目的

① 掌握两个气缸间接控制方法。

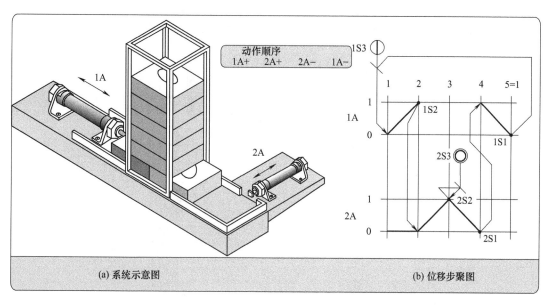

图 4-57　工件夹紧气动系统示意图和位移步骤图

② 掌握滚轮杆行程阀的使用方法。

③ 学会使用气动指示灯。

④ 熟悉气动信号及压力调节方法。

⑤ 了解换向阀的功能。

⑥ 学会气动逻辑系统的设计方法。

（3）设计与构建回路条件

① FluidSIM-P 气动仿真软件及 PC 机。

② FESTO DIDACTIC 气动培训设备 TP100。

③ 构建回路所用元件见表 4-17，完成表 4-17 所列内容。

表 4-17　元件表

元 件 名 称	功　　能	位　置	数　量
调整装置			
3/2 手动滑阀的多路接口器			
3/2 换向阀			
5/2 气控双稳记忆阀			
3/2 滚轮杆行程阀			
3/2 单向滚轮杆行程阀			
3/2 阀（按键式手控开关）			
单向节流阀			
双作用气缸			
双压阀			
气动指示灯			

（4）参考设计回路原理图　如图 4-58 所示。

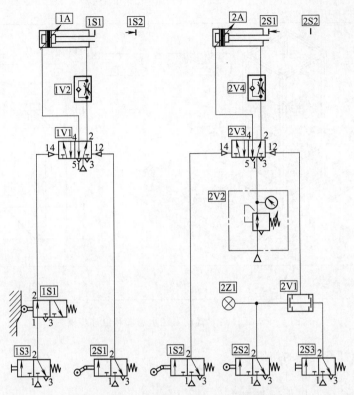

图 4-58 工件夹紧气动系统回路原理图

（5）调试步骤

① 初始位置。假设两个气缸退回到末端位置，行程阀 1S1 启动，行程阀 2S1 没有被触发。

② 步骤 1-2。当按下按钮 1S3 后，一个信号通过行程阀 1S1 被传送到换向阀 1V1 上，当 5/2 气控换向阀 1V1 切换后，气缸 1A 前进，当气缸达到前进末端位置，3/2 行程阀 1S2 被触发。

③ 步骤 2-3。行程阀 1S2 气动后使换向阀 2V3 进行切换，气缸 2A 前进，当气缸达到前进末端时，会触发行程阀 2S2，气动指示灯 2Z1 点亮，气缸会在该位置上停止，减压阀 2V2 限制活塞的运动［压力限制为 4bar（400kPa）］。

④ 步骤 3-4。按下按钮 2S3 后，换向阀 2V3 通过双压阀 2V1 而切换，气缸 2A 退回，当气缸退回到末端位置时，再次触发行程阀 2S1。

⑤ 步骤 4-5。换向阀 1V1 通过行程阀 2S1 切换，气缸 1A 返回，退回到末端位置再次和行程阀 1S1 接触。

（6）扩展练习 采用步进法设计此系统，如图 4-59 所示。

（7）结论 完成满足上述要求的文件。

4.3.6 自动化磨床气动系统设计

（1）任务要求

① 设计自动化磨床气动系统，示意图如图 4-60 所示。

② 通过气缸将工件放入磨床夹具上，加工完毕后由第二个气缸将工件退出。

③ 按下开始按钮后，无杆缸 1A 慢慢伸出并前进到末端位置，时间 $t=2s$。

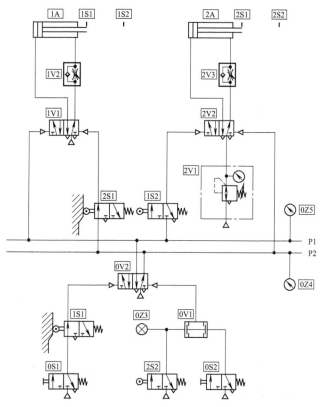

图 4-59　步进法设计工件夹紧气动系统回路原理图

④ 当气缸退回到末端位置后，第二个气缸 2A 被激励并伸出。

⑤ 单作用气缸 2A 通过弹簧复位的换向阀控制。压力表连接在压力线 P1 和 P3 上。

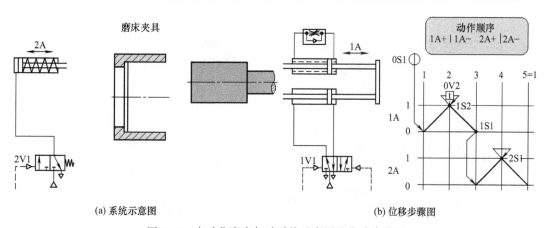

(a) 系统示意图　　　　　　　　　　　　　　　　　(b) 位移步骤图

图 4-60　自动化磨床气动系统示意图及位移步骤图

（2）学习目的

① 掌握气缸间接控制原理。

② 掌握步进法设计气动系统。

③ 学会分析各种不同设计方法的优缺点。

（3）设计与构建回路条件

① FluidSIM-P 气动仿真软件及 PC 机。

② FESTO DIDACTIC 气动培训设备 TP100。

③ 构建回路所用元件见表 4-18，完成表 4-18 所列内容。

表 4-18　元件表

元 件 名 称	功　　能	位 置	数 量
调整装置			
3/2 手动滑阀的多路接口器			
3/2 换向阀			
5/2 气控双稳记忆阀			
3/2 滚轮杆行程阀			
3/2 阀（按键式手控开关）			
延时阀			
双作用气缸			
单作用气缸			
单向节流阀			
5/2 单气控换向阀			

（4）参考设计回路原理图　如图 4-61 所示。

（5）调试步骤

① 初始位置。假设两个气缸退回到末端位置，行程阀 1S1 被触发，换向阀 0V3 在右端的切换位置上，由于换向阀 0V1 的作用，气路 P3 有压力。

② 步骤 1-2。按下按钮 0S1 后，换向阀 0V1 切换，气路 P1 有气压，气路 P3 无气压，换向阀 1V1 进行切换，无杆缸 1A 前进，在伸出到末端位置，气缸触发行程阀 1S2，使延时阀 0V2 受压，气缸在末端保持不动，延时 $t = 2s$。

③ 步骤 2-3。延时阀 0V1 启动，使换向阀 0V3 切换，气路 P2 有气压，换向阀 1V1 重新启动，进给缸 1A 回到初始位置并再次触发行程阀 1S1。

④ 步骤 3-4。气路 P2 有气压时，行程阀 1S1 进行切换，引起换向阀 2V1 进行切换，气缸 2A 伸出并触发行程阀 2S1。

⑤ 步骤 4-5。行程阀 2S1 使换向阀 0V1 进行切换，整个状态的变化有两种影响，其一，气路 P3 有气压，并使上部的换向阀处于右端的转换位置，使两个换向阀 0V1 和 0V3 回到初始位置，其二，气路 P2 无气压，这导致换向阀 2V1 回到初始位置，气缸 2A 缩回。

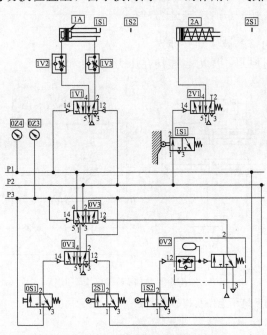

图 4-61　自动化磨床气动系统回路原理图（一）
注：在构建回路时，用双作用气缸替代无杆缸（1A）。

（6）扩展练习　学习用不同设计方法设计此回路，并比较图 4-61、图 4-62 所示系统特点。

（7）结论 完成满足上述要求的文件。

4.3.7 打标机应用实例

（1）任务要求

① 设计打标机气动系统，示意图如图 4-63（a）所示。

② 工件在料仓里靠重力落下，由 A 缸推向定位块并夹紧，接着 B 缸打印标志，然后由 C 缸将打印完的工件推出。

③ 其动作顺序为 [A＋，B＋，B－，A－，C＋，C－]。

（2）设计步骤 用位移步骤图表示动作顺序，如图 4-63（b）所示。

（3）顺序动作分组

A＋B＋/B－A－C＋/C－
　Ⅰ　　　Ⅱ　　Ⅰ

动作顺序分为两组，整个回路的控制顺序为

1S1　　A＋　　a1 B＋ b1
x2　　第Ⅱ条输出管路　　B－
　　b0　A－　a0　C＋　c1 x1　第Ⅰ条输出管路　　C－

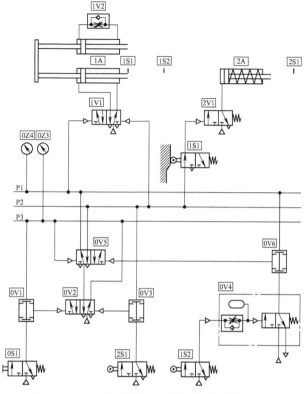

图 4-62　自动化磨床气动系统回路原理图（二）

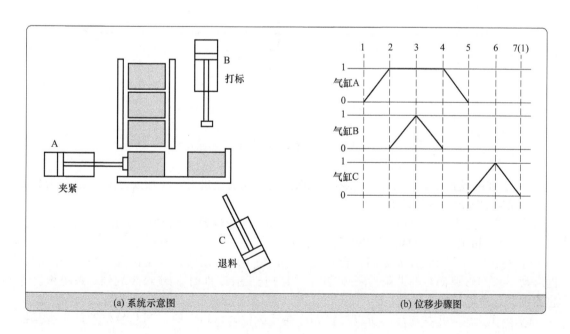

图 4-63　打标机气动系统示意图和位移步骤图

（4）列写程序式

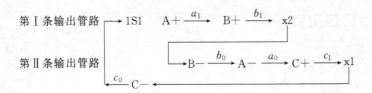

（5）列写单一循环逻辑式　$A1^* = qc_0$；$B1^* = a_1$；$X_2 = b_1$；$B0^* = x_2$；$A0^* = b_0$；$C1^* = a_0$；$X_1 = c_1$；$C0^* = x_1$。a_1、b_1、c_0 取自第 I 条输出管路；b_0，a_0，c_1 取自第 II 条输出管路。

（6）绘制单一循环的气动系统回路原理图　如图 4-64 所示。

就分级而言，控制回路的第一个动作是 C−，但实际上第一个动作应该是 A+，因此，必须将启动按钮装在第 I 条输出管路及主阀 1V1 之间，且为获得启动在连续循环中达到互锁，必须串联行程开关 c0。

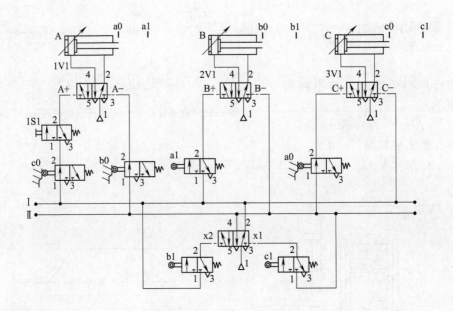

图 4-64　打标机单一循环气动系统回路原理图

（7）辅助状况　必须在单一循环控制回路设计完成之后再一一加入。图 4-65 所示为加入辅助状况的气动系统回路原理图。

① 各动作必须自动进行，并可选择单一循环、连续循环，启动信号由启动按钮输入。阀 1S1、1S2 和 1V2 是满足辅助条件所必需的。

② 料仓由一个限位开关监测，仓内无工件，则系统必须停在起始位置，并互锁以防止再启动。阀 1V3 是满足辅助条件所必需的，当料仓没有工件时，阀 1V3 复位，系统恢复到起始位置，并切断启动信号。

③ 操作紧急停止按钮后，所有气缸无论在什么位置，均立即回到起始位置，只有互锁去除后才可再操作。

（8）全系统原理图　如图 4-66 所示。

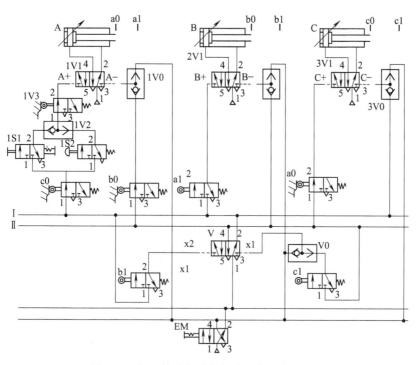

图 4-65　加入辅助状况的气动系统回路原理图

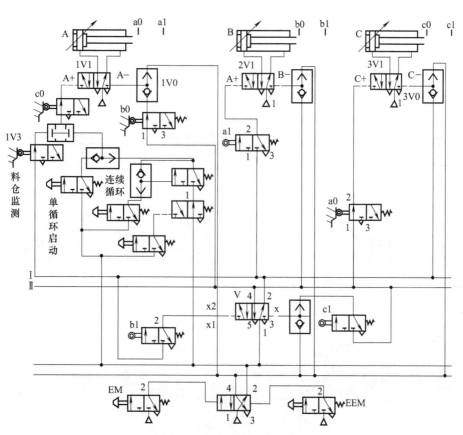

图 4-66　气动系统回路原理图

4.3.8 二级管路时序逻辑系统设计

① 动作顺序要求为 [A1，A0，B1，C1，C0，B0]。

② 列写程序式、逻辑关系式（略写）

③ 气动系统回路原理图如图 4-67 所示。

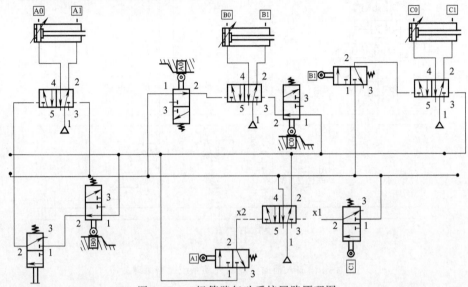

图 4-67 二级管路气动系统回路原理图

④ 完成全系统设计过程。

4.3.9 三级管路时序逻辑系统设计

① 动作顺序要求为 [A1，D1，C1，A0，B1，C0，B0，D0]。

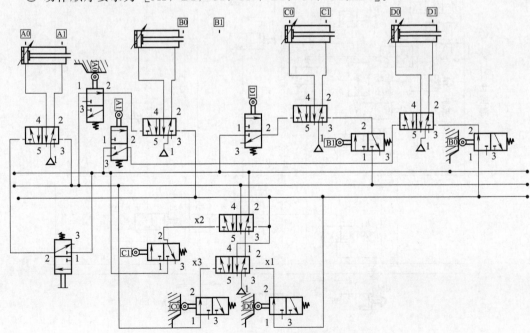

图 4-68 三级管路气动系统原理图

② 列写程序式、逻辑关系式（略写）。

③ 气动系统回路原理图如图 4-68 所示。

④ 完成全系统设计过程。

4.3.10 多重复程序逻辑系统设计

① 动作顺序要求为 [A1，B1，B0，B1，B0，A0]。

② 列写程序式、逻辑关系式。

③ 气动系统回路原理图如图 4-69 所示。

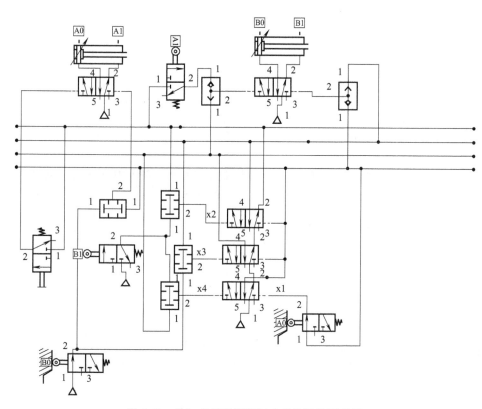

图 4-69　单缸多循环顺序气动系统回路原理图

④ 完成全系统设计过程。

4.3.11 逻辑系统设计训练题

（1）时序逻辑系统设计训练题

① 标准有障碍、非标准逻辑系统

[A1，B1，C1，B0，A0，C0]；

[A1，A0，B1，C1，C0，B0]；

[A1，B1，B0，A0，C1，C0]；

[A1，D1，C1，A0，B1，C0，B0，D0]。

② 多重复程序

[A1，B1，B0，B1，B0，A0]；

[A1，B1，A0，B0，C1，B1，C0，B0]。

（2）非时序逻辑系统设计训练

① 公共汽车门采用气动控制，司机和售票员各有一个气动控制开关，控制汽车门的开和关，试设计汽车门气控回路。

② 汽车门用单作用气缸驱动，车到站，司机和售票员只要有一人发出开门信号，门就开；车启动，必须两人都发出关门信号，门才关。

③ 汽车门用单作用气缸驱动，车到站，司机和售票员两人都发出开门信号，门才开；车启动，只要有一人发出关门信号，门就关。

④ 汽车门用双作用气缸驱动，车到站，司机和售票员只要有一人发出开门信号，门就开；车启动，必须两人都发出关门信号，门才关。

⑤ 汽车门用双作用气缸驱动，车到站，司机和售票员两人都发出开门信号，门才开；车启动，只要有一人发出关门信号，门就关。

⑥ 某工厂自动生产线上要控制温度、压力、浓度三个参数，任意两个或两个以上达到上限，生产过程将发生事故，此时应自动报警，设计此气控回路。

⑦ 某工厂自动生产线上要控制温度、压力、浓度三个参数，任意一个或一个以上达到上限，生产过程将发生事故，此时应自动报警，设计此气控回路。

⑧ 设计一个气动逻辑回路控制一个单作用气缸，要求被控单作用气缸实现逻辑功能 $s = a \cdot b + a \cdot b$，其中 a、b 为两个输入信号。

⑨ 某工厂的工艺流程中有 a、b、c、d 四个阀门，生产过程中当有下列情况时需自动报警：a、c、d 阀均开启时；只有 c 阀开启时；a、b 阀开启时。试设计气动报警系统。

第5章

电气气动控制系统设计

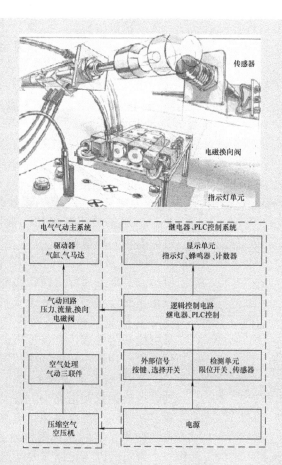

传感器

电磁换向阀

指示灯单元

电气气动主系统

驱动器
气缸、气马达

气动回路
压力、流量、换向
电磁阀

空气处理
气动三联件

压缩空气
空压机

继电器、PLC控制系统

显示单元
指示灯、蜂鸣器、计数器

逻辑控制电路
继电器、PLC控制

外部信号
按键、选择开关

检测单元
限位开关、传感器

电源

本章重点内容

- 了解电气气动基本回路和控制环节的组成
- 掌握电气气动基本回路的工作原理
- 熟悉经验法设计电气气动控制系统
- 熟悉步进法设计电气气动控制系统

5.1　基本电气控制原理

5.1.1　电气原理图设计原则

电气原理图设计是为满足被控制设备的各种控制要求而进行的电气控制系统设计，电气原理图设计的质量决定着一台设备的实用性、先进性和自动化程度的高低，是电气控制的核心。电气控制系统的正常运行首先取决于严谨而正确的设计，总体设计方案和主要元器件的选择应正确、可靠、安全、稳定。设计者应正确理解设计任务，精通生产工艺要求，准确计算、合理选择产品和规格型号。正确设计思想和工程意识是高质量完成设计任务的基本保证。在设计时应遵循以下原则。

① 最大限度地实现生产机械和工艺对控制电路的要求。生产机械和工艺对电气控制系统的要求是电气原理图设计的主要依据，这些要求常常以工作循环图、执行元件动作节拍表、检测元件状态表等形式提供，对于有调速要求的场合，还应给出调速技术指标。其他如启动、转向、制动、照明、保护等要求，应根据生产需要充分考虑。出现事故时需要有必要的保护及信号预报，以及各部分运动要求有一定的配合和联锁关系等。

② 在满足控制要求的前提下，控制方案应力求简单、经济。设计时应注意以下环节。

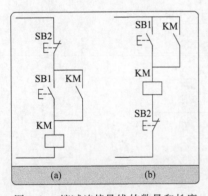

图 5-1　缩减连接导线的数量和长度

a. 尽量选用标准的、常用的或经过实际考验过的电路和环节

b. 尽量缩减连接导线的数量和长度，如图 5-1 所示。考虑各元件之间的实际接线，特别要注意电气柜、操作台和限位开关之间的接线。

c. 尽量缩减电器元件的品种、规格和数量，尽可能采用性能优良、价格便宜的新型器件和标准件，同一用途尽可能选用相同型号。

d. 应减少不必要的触点以简化电路。在复杂的继电接触控制电路中，各类接触器、继电器数量较多，使用的触点也多，电路设计应注意主、副触点的使用量不能超过限定对数，因为各类接触器、继电器的主、副触点数量是一定的，如图 5-2 所示。因为控制需要，触点数量不够时，可以采用逻辑设计化简方法，改变触点的组合方式以减少触点使用数量，或增加中间继电器来解决。例如，把图 5-2（a）中的 KM1 的两个常开触点合并为一个，如图 5-2（b）所示。

e. 控制电路在工作时，除必要的电气元件必须通电外，其余的尽量不通电。如图 5-3（a）所示，在电动机启动后时间继电器 KT 就失去了作用，接成图 5-3（b）所示电路时可以在启动后切除 KT 的电源。

③ 保证控制电路工作的可靠和安全。最主要的是选用可靠的元件，如尽量选用机械和电气寿命长、结构坚实、动作可靠、抗干扰性能好的电气元件。同时在具体电路设计时应注意以下几点。

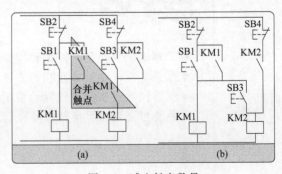

图 5-2　减少触点数量

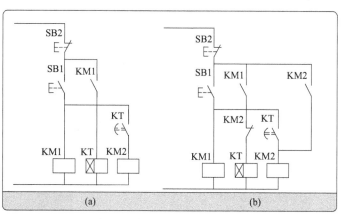

图 5-3　减少通电电气元件数量

　　a. 合理连接电气元件及触点。对一个串联回路，各电气元件或触点位置互换，并不影响其工作原理，但从实际连线上却关系到安全、节省导线等方面的问题，如图 5-4 所示。图 5-4（a）所示接法，SQ1 的常开和常闭触点靠得很近，如果分别接在电源的不同相，触点断开时，产生电弧时很可能在两触点间形成飞弧而造成电源短路，此外绝缘不好时也会引起电源短路。而且这种接法电气箱到现场要引出四根线，很不合理。

　　b. 正确连接电气元件的线圈。如图 5-5 所示，当中间继电器 KA 常开触点闭合时，要求接触器线圈 KM1 和 KM2 都通电，图 5-5（a）所示为不正确连接，假如交流接触器 KM1 先吸合，由于 KM1 的磁路闭合，线圈的电感显著增加，在该线圈上的电压降也相应增大，从而使 KM2 的线圈电压达不到动作电压。图 5-5（b）所示为正确连接。

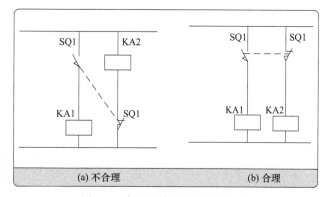

图 5-4　合理连接电气元件及触点

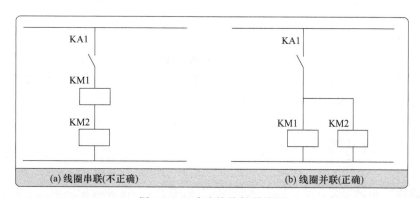

图 5-5　正确连接接触器线圈

　　c. 在控制电路中应避免出现寄生电路。在控制电路的动作过程中，有可能意外接通的电路称寄生电路（或称假回路）。如图 5-6 所示，是一个具有指示灯和热保护的正反向电路。在图 5-6（a）中，当热继电器 FR 动作时，电路就出现了寄生电路，如图中虚线箭头所示，使正向接触器 KM1 不能释放，起不了保护作用。在图 5-6（b）中，当热继电器 FR 动作时，回路电源被切断，即可避免寄生现象的发生。

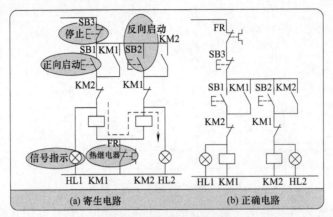

图 5-6　寄生电路的修改

d. 在电路中应尽量避免许多电气元件依次动作才能接通另一个电气元件的控制电路，如图 5-7（a）所示，正确接线如图 5-7（b）所示。

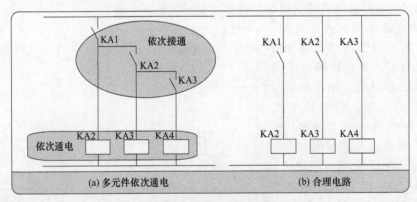

图 5-7　避免多个元件依次通电接通另一元件

e. 防止电路出现触点"竞争"与"冒险"现象。电气元件动作过程与时间关系图称为时间图，如图 5-8 所示。

"竞争"与"冒险"现象都将造成控制回路不能按要求动作，引起控制失灵。电气元件的动作有滞后时间，同一个信号控制多个电气元件，对于时序电路来说，就会得到几个不同的输出状态。此现象称为电路"竞争"。对于开关电路，由于电气元件的释放延时作用，也会出现开关元件不按要求的逻辑功能输出的可能性，称这种现象为"冒险"。

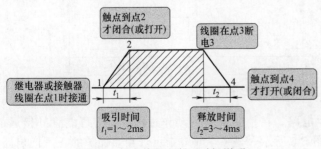

图 5-8　触点接通和断开时间说明

f. 防止误操作带来的危害。对一些重要的设备应仔细考虑每一控制程序之间必要的联锁，即使发生误操作也不会造成设备事故。如在频繁操作的可逆电路中，正、反向接触器之间不仅要有电气联锁，而且要有机械联锁。

g. 设计的电路应能适应所在电网情况。根据电网容量的大小，电压、频率的波动范围以及允许的冲击电流数值等决定电动机采用直接启动还是间接启动方式。

h. 考虑故障状态下，设备的自动保护作用。应根据设备特点及使用情况设置必要的电气保护。一般均有过载、短路、过流、过压、失压等保护环节。

④ 尽量使操作和维修方便。电路设计要考虑操作、使用、调试与维修的方便，能迅速和方便地由一种控制形式转换到另一种控制形式。电控设备应力求维修方便、使用安全，并有隔离电气元件，以免带电维修。例如设置必要的显示，随时反映系统的运行状态与关键参数，考虑到刀具调整与运动机构修理必要的单机点动、单步及单循环动作，必要的照明，易损触点及电气元件的备用等。

5.1.2 电气原理图绘制方法和原则

电气原理图通常以一种层次分明的梯形法表示，也称梯形图。它是利用电气元件符号进行顺序控制系统设计的最常用的一种方法。梯形图表示法可分为水平梯形原理图及垂直梯形原理图两种。在电气液压传动中，常用垂直梯形图表示法。图 5-9 所示为水平梯形原理图，图中上、下两平行线代表控制回路图的电源线，称为母线。

（1）梯形图绘制方法 见表 5-1。

表 5-1 梯形图绘制方法

序号	绘 制 方 法
1	梯形图上端为火线，下端为接地线
2	电路图的构成是由左向右进行的。为便于读图，接线上要加上线号
3	控制元件的连接线，接于电源母线之间，且尽可能用直线
4	连接线与实际的元件配置无关，由上而下依照动作的顺序来决定
5	连接线所连接的元件均用电气符号表示，且均为未操作时的状态
6	在连接线上，所有的开关、继电器等的触点位置由水平电路上侧的电源母线开始连接
7	一个梯形图网络由多个梯级组成，每个输出元素(继电器线圈等)可构成一个梯级
8	在连接线上，各种负载，如继电器、电磁线圈、指示灯等的位置通常是输出元素，要放在水平电路的下侧
9	在以上的各元件的电气符号旁注上文字符号

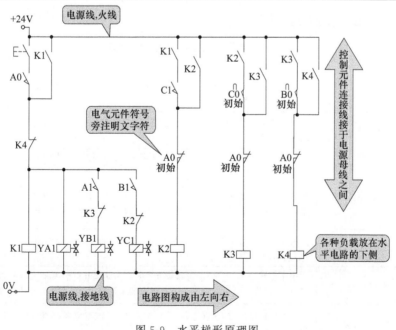

图 5-9　水平梯形原理图

（2）梯形图绘制原则　梯形图是用图形符号按其工作顺序排列，详细表示电路、设备或成套装置的全部基本组成和连接关系，而不考虑其实际位置的一种简图。为了便于对控制系统进行设计、研究分析、安装调试、使用和维修，需要将电气控制系统中各电气元件及其相互连接关系用国家规定的统一图形符号、文字符号以图的形式表示出来。梯形图的绘制应注意以下两个方面。

① 符合常用电气图形符号及文字符号的国家标准。图纸是工程语言，是工程技术人员交流思想的工具，也是施工维修的重要依据，所以必须遵守统一的约定，这就是国家标准。

② 根据简单清晰的原则，梯形图采用电气元件展开的形式绘制。它包括所有电气元件的导电部件和接线端点，但并不按照电气元件的实际位置来绘制，也不反映电气元件的大小。由于梯形图具有结构简单、层次分明及适于研究、分析电路的工作原理等优点，所以无论在设计部门还是生产现场都得到广泛应用。

控制电路绘制原则见表 5-2。

表 5-2　控制电路绘制原则

梯形图组成	一般分主电路、控制电路、信号电路、照明电路及保护电路
电气元件触点	都按没有通电和外力作用时的开闭状态（常态）画出
主电路、辅助电路	各元件应按动作顺序从上到下、从左到右依次排列
突出或区分电路、功能	用导线符号、信号电路、连接线等区分，也可采用粗细不同的线条来表示
电气元件和部件在控制电路中的位置	应根据便于阅读的原则安排。同一电气元件的各个部分可以不画在一起，但必须采用同一文字符号标明
线路连接的表示方法	梯形图中有直接电联系的交叉导线连接点，用实心圆点表示；可拆卸或测试点用空心圆点表示；无直接电联系的交叉点则不画圆点
对非电气控制和人工操作的电气元件	必须在梯形图上用相应的图形符号表示其操作方式
与电气控制有关的机、液、气等装置	应用符号绘出简图，以表示其关系

5.1.3　常用低压电气元件分类

低压电气元件按照功能分类见表 5-3。

表 5-3　低压电气元件按照功能分类

类型	名称	作用
保护、隔离元件	刀开关	用于不频繁分断电源主回路，形成明显的断点。没有带灭弧装置，不能带大电流操作，无保护功能
	断路器	用于线路保护，主要保护有短路保护、过载保护等，也可在正常条件下用来非频繁地切断电路
	熔断器	是一种最简单的保护电气元件，在电路中主要起短路保护作用
	刀熔开关	主要用于动力回路的短路保护，也可用于正常情况下非频繁地切断电路。可替代断路器的部分功能，比断路器更经济。一般用于驱动器前端或总进线电源处进行短路保护。由熔断器和隔离开关延伸而来，也称熔断器式隔离开关
	过电压保护器	用于线路的过电压保护，主要用于保护由于雷电等引起的感应电压的冲击，保护线路上的电子元器件
	热继电器	用于控制对象（电机）的过载保护，常用于对多电机的保护。一般用于笼型或者变频电机，绕线型电机一般不采用热继电器来进行过载保护，而用过流继电器进行保护
	其他保护继电器	如相序继电器、过压继电器、欠压继电器、过流继电器、欠流继电器、剩余电流继电器等

类型	名称	作用
控制元件	接触器	是用来频繁地接通和断开带有负载的主电路或大容量控制电路的电气元件
	中间继电器	在自动控制中作为辅助控制用，用来传递信号或同时控制多个电路。主要用于增加接点数量，扩大控制范围和放大接点的断流容量
	时间继电器	是一种从得到输入信号（线圈的通电或断电）开始，经过一定的延时后才输出信号（触点的闭合或断开）的继电器。一般有通电延时、断电延时和振荡式三种
	主令控制器、按钮、指示灯等	是自动控制系统中用于发送控制指令或显示状态的电气元件。根据不同的用途，可分为主令控制器、按钮、转换开关、指示灯、蜂鸣器、带灯按钮等。主令控制器一般用于主驱动机构的控制，如起升、变幅等；转换开关一般用于功能的切换或者状态的选择；按钮用于启、停、复位等功能的操作；指示灯用于各种状态的指示；蜂鸣器用于状态的警示或者故障的报警
检测元件	电流互感器	用于检测线路电流，根据不同的型号可穿线或者穿排，二次侧要可靠接地
	电流表、电压表、电度表等检测仪表	用于检测电流（一般要配电流互感器）、电压、电能等，要注意实际检测值和显示值之间的区别。电度表要注意和互感器的匹配，以及单相、三相三线、三相四线的差别
	计时器、计数器	用于计量时间和数量。要注意用户要求的位数和电压等级
驱动器	变频器	通过整流和逆变来实现对频率的控制，以实现调速。常用变频器均为交-直-交型
	软启动器	软启动器（软启动器）是一种集电机软启动、软停车、轻载节能和多种保护功能于一体的电机控制装置
	直流驱动器	控制直流电机，通过控制电枢电流来达到调速的效果
	定子调压驱动器	通过控制晶闸管的触发角和通断来控制电压，从而达到调速的目的。多用于环境比较恶劣的场合

5.1.4 常用低压电气元件外形与符号

（1）保护、隔离元件外形与符号　见表5-4。

表5-4　保护、隔离元件外形与符号

名称	外形	组成	图形符号	文字符号	功能
刀开关				QS	
断路器				QF	
熔断器				FU	
刀熔开关				QS-FU	
过压保护器				SPD	也称浪涌保护器

名称	外形	组成	图形符号	文字符号	功能
热继电器		主触点		FR	
		辅助常开触点			
		辅助常闭触点			

（2）控制元件外形与符号 见表 5-5。

表 5-5　控制元件外形与符号

名称	外形	组成	图形符号	文字符号	备注
接触器		线圈		KM	
		主触点			
		辅助常开触点			
		辅助常闭触点			
中间继电器	铁芯、衔铁、复位弹簧、端子头	线圈		KA	当继电器线圈流过电流时，衔铁就会在电磁力的作用下克服弹簧压力，使常闭、常开触点相反动作
		常开触点			
		常闭触点			
时间继电器		通电延时线圈		KT	当输入信号时，电路中的触点经过一定时间后才动作 按照输出触点的动作形式，时间继电器分为延时闭合继电器和延时断开继电器
		断电延时线圈			
		延时闭合的动合触点			
		延时断开的动断触点			

名称	外形	组成	图形符号	文字符号	备注
时间继电器		延时断开的动合触点		KT	当输入信号时,电路中的触点经过一定时间后才动作 按照输出触点的动作形式,时间继电器分为延时闭合继电器和延时断开继电器
		延时闭合的动断触点			
		瞬时动合触点			
		瞬时动断触点			
转换开关		不同挡位时触点的通断状态	Ⅰ 0 Ⅱ 1 2 3 4 5 6 7 8 9 10 11 12	SA	有黑点者表示触点闭合
行程开关		常开触点		SQ	
		常闭触点			
		复合触点			
按钮		常开按钮	E-\	SB	
		常闭按钮	E-7		
		复合按钮	E-\7		
指示灯			⊗	HL	

（3）检测元件外形与符号　　见表5-6。

表 5-6　检测元件外形与符号

名称	外形	组成	图形符号	文字符号	备注
电流互感器				TA	电流互感器的作用是把数值较大的一次电流转换为数值较小的二次电流,用来进行保护、测量等

名称	外形	组成	图形符号	文字符号	备注
电压互感器				TV	
电流表			Ⓐ	PA	
电压表			Ⓥ	PV	
电度表			kW·h	PJ	

5.1.5 常用控制线路基本回路

常用控制线路基本回路见表 5-7。

表 5-7 常用控制线路基本回路

基本回路名称	具 体 要 求
电源供电回路	供电回路的供电电源有 AC 380V 和 AC 220V 等多种
保护回路	保护(辅助)回路的工作电源有单相220V、36V 或直流 220V、24V 等多种,对电气设备和线路进行短路、过载和失压等各种保护,由熔断器、热继电器、失压线圈、整流组件和稳压组件等保护组件组成
信号回路	能及时反映或显示设备和线路正常与非正常工作状态信息的回路,如不同颜色的信号灯,不同声响的音响设备等
自动与手动回路	电气设备为了提高工作效率,一般都设有自动环节,但在安装、调试及紧急事故的处理中,控制线路中还需要设置手动环节,通过组合开关或转换开关等实现自动与手动方式的转换
制动停车回路	切断电路的供电电源,并采取某些制动措施,使电机迅速停车的控制环节,如能耗制动、电源反接制动、倒拉反接制动和再生发电制动等
自锁及闭锁回路	启动按钮松开后,线路保持通电,电气设备能继续工作的电气环节称自锁环节,如接触器的动合触点串联在线圈电路中。两台或两台以上的电气装置和组件,为了保证设备运行的安全与可靠,只能一台通电启动,另一台不能通电启动的保护环节,称闭锁环节,如两个接触器的动断触点分别串联在对方线圈电路中

5.1.6 电气控制典型电路

(1)**点动控制**(以电机控制电路为例) 点动是指按下按钮电机运转,松开按钮电机停止运转,如图 5-10 所示,合上 QS,按下 SB2,KM 线圈吸合,KM 主触点闭合,电机运转;松开 SB2,KM 线圈断电,主触点断开,电机停止。

(2)**自锁回路** 自锁控制依靠接触器自身辅助触点而使其线圈保持通电。如图 5-11 所

示，合上 QS，按下 SB2，KM 线圈吸合，KM
主触点闭合，电机运转。KM 辅助常开触点闭
合，自锁；按下 SB1，KM 线圈断电，主触
点、辅助触点断开，电机停止。自锁另一作用
是实现欠压和失压保护。

（3）互锁回路　交流电机的正反转，两
个接触器同时接通会发生严重的相间短路事
故，这种在同一时间里两个接触器只允许一个
工作的控制作用称为互锁（联锁）。如图 5-12
所示，当要求 KM1 接触器工作时 KM2 接触
器不能工作，而 KM2 接触器工作时 KM1 接
触器不能工作，此时应在两个接触器的线圈电
路中互串入对方的动断触点。交流接触器互锁
特点是当电机从正转变为反转时，必须先按下

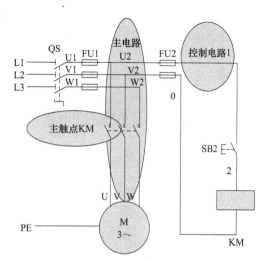

图 5-10　电机控制电路

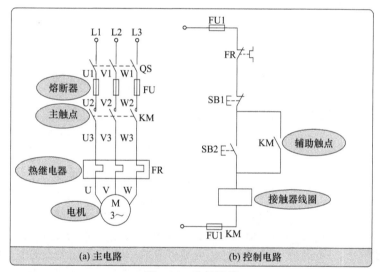

图 5-11　自锁回路

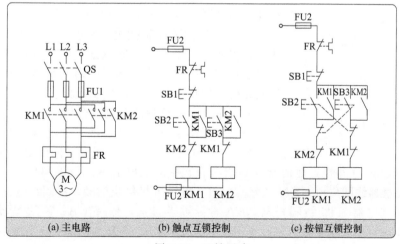

图 5-12　互锁回路

停止按钮才能实现，优点是安全可靠，缺点是操作复杂。为了操作更加方便，可以在交流接触器互锁的基础上添加按钮互锁。

（4）**顺序控制回路** 有些生产机械有两台以上的设备，因它们所起的作用各不相同，有时必须按一定的顺序启动，才能保证正常生产。如图 5-13 所示，要求 KM1 先动作，然后 KM2 才能动作；设计控制电路时，在 KM2 接触器线圈电路中串入 KM1 的动触点。停止顺序相反，只有 KM2 断电后才允许 KM1 断电，在 KM2 的动触点并联在 KM1 的停止按钮两端。

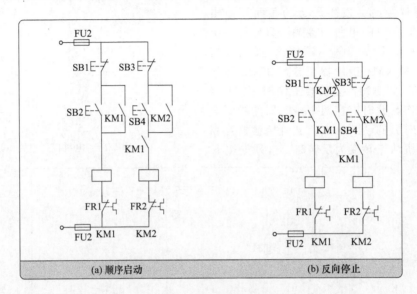

图 5-13　顺序控制回路

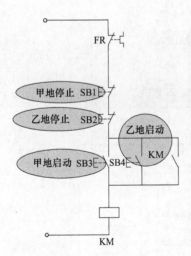

图 5-14　多地控制回路

（5）**多地控制回路** 能在两地或多地控制同一台设备的控制方式称系统多地控制。如图 5-14 所示，SB1、SB3 为安装在甲地的启动按钮和停止按钮，SB2、SB4 为安装在乙地的启动按钮和停止按钮。线路的特点是两地的启动按钮 SB3、SB4 要并联在一起，停止按钮 SB1、SB2 要串联接在一起，这样就可以分别在甲、乙两地启、停同一台电机，达到操作方便的目的。对三地或多地控制，只要把各地的启动按钮并联，停止按钮串联就可以实现。

（6）**自动循环控制回路** 在生产实际中设备运转的模式多种多样，如设备需要间歇运行、往复循环运动等，此时只要在控制电路中恰当地引入时间继电器、行程开关等控制元件，便可得到需要的控制电路。如图 5-15 所示，油泵电机间歇运行，控制油泵电机开机 10min 停止 3min，自动循环，实现油泵电机间歇供液。合上自动运行开关 SA，

KM 接触器线圈得电，KM 主触点吸合，油泵电机工作供液。同时时间继电器 KT1 线圈得电，延时 10min KT1 得电，延时常开触点闭合，中间继电器 KA 线圈得电，KA 常闭触点打开，KM 接触器线圈失电，KM 主触点打开，油泵电机停止供液。中间继电器 KA 线圈得电的同时时间继电器 KT2 线圈得电，KA 常开触点自锁，保持 KA、KT2 线圈得电状态。KT2 得电延时 3min，延时常闭触点断开，KA、KT2 线圈失电，KA 常闭触点闭合，KM 线圈再次得电，系统循环。

5.1.7 典型继电器基本控制电路

（1）是门电路（YES） 是一种简单的通、断电路，能实现是门逻辑。图 5-16 所示为是门电路，按下按钮 SB，电路 1 导通，继电器线圈 KA 励磁，其常开触点闭合，电路 2 导通，指示灯亮。若放开按钮，则指示灯熄灭。

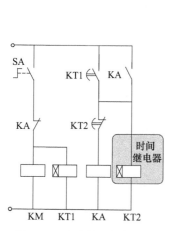

图 5-15　自动循环控制回路

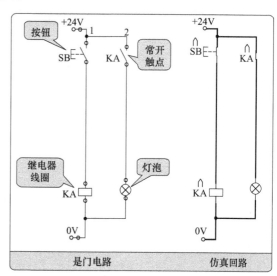

图 5-16　是门电路

（2）非门电路（ON） 如图 5-17 所示，非门电路的逻辑关系为 $KA = \overline{SB}$。

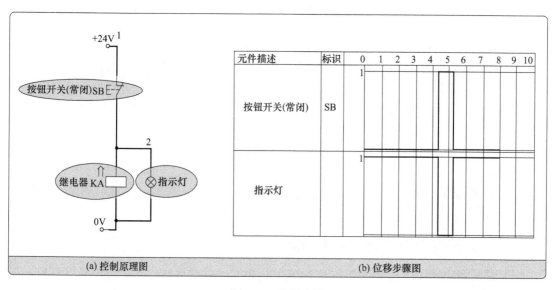

(a) 控制原理图　　　　　　　　　　(b) 位移步骤图

图 5-17　非门电路

（3）或门电路（OR） 图 5-18 所示的或门电路也称为并联电路。只要按下三个手动按钮中的任何一个开关，使其闭合，就能使继电器线圈 KA 通电。例如，要求在一条自动生产线上的多个操作点可以作业。或门电路的逻辑关系为 $KA = SB1 + SB2 + SB3$。

（4）自锁电路 如图 5-19 所示，逻辑关系为 $KA = SB + KA$。

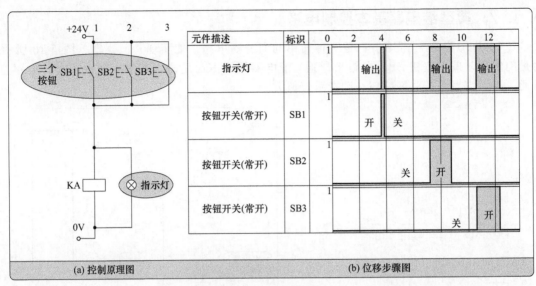

图 5-18　或门电路

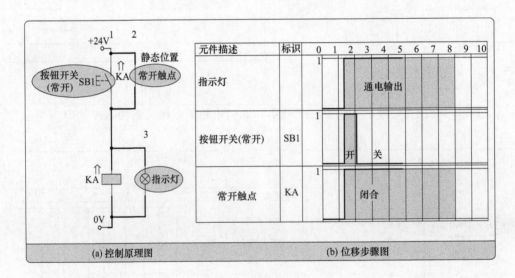

图 5-19　自锁电路

（5）互锁电路　如图 5-20 所示，逻辑关系为 $KA1=(SB1+KA1)\cdot\overline{KA2}$，$KA2=(SB2+KA2)\cdot\overline{KA1}$。

5.1.8　时间继电器和计数器控制电路

（1）时间继电器电气控制原理图　如图 5-21 所示，线圈得电比较值等于设定值时，触点有输出。

（2）断电延时继电器电气控制原理图　如图 5-22 所示，线圈通电，对应的触点相反动作，线圈断电延时比较值与设定值相同时，触点动作。

（3）计数器电气控制原理图　如图 5-23 所示，计数器线圈用脉冲信号，断电有保持功能，所以必须有复位线圈，计数线圈得到脉冲信号值与设定值相同时，对应触点相反动作。

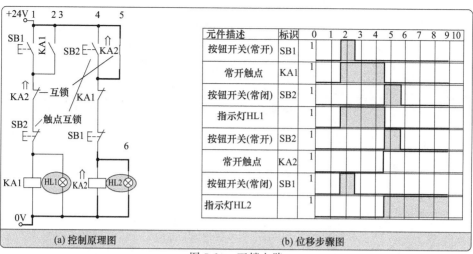

图 5-20　互锁电路

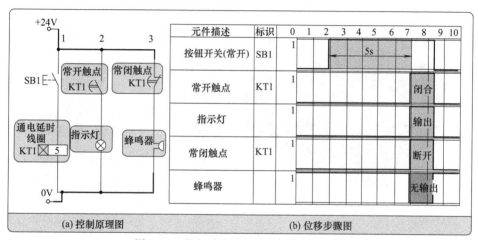

图 5-21　通电延时继电器电气控制原理图

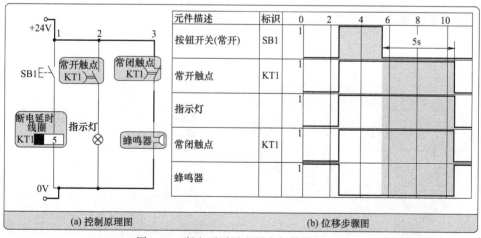

图 5-22　断电延时继电器电气控制原理图

5.1.9　FESTO 常用电气元件

（1）电信号单元　如图 5-24 所示。

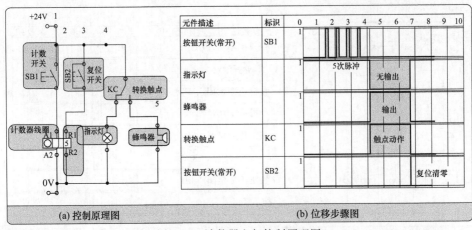

(a) 控制原理图　　　　　　　　(b) 位移步骤图

图 5-23　计数器电气控制原理图

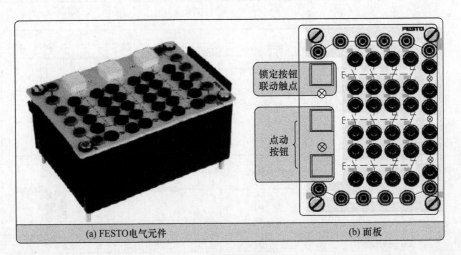

(a) FESTO电气元件　　　　　　(b) 面板

图 5-24　电信号单元

（2）继电器单元　如图 5-25 所示。

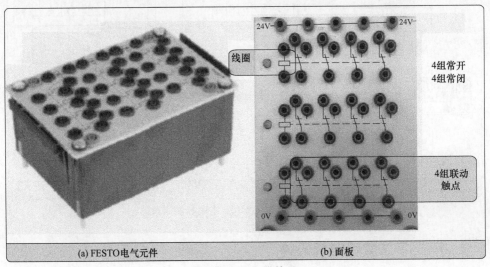

(a) FESTO电气元件　　　　　　(b) 面板

图 5-25　继电器单元

（3）时间继电器单元　如图 5-26 所示。

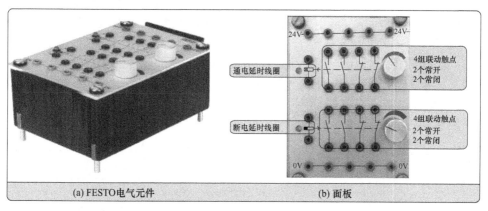

图 5-26　时间继电器单元

（4）计数器单元　如图 5-27 所示。

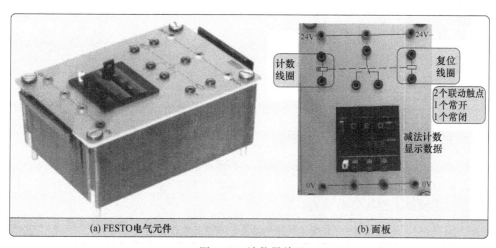

图 5-27　计数器单元

5.2　电气气动程序回路设计

目前，与纯气动系统相比较，电气气动系统占有主要地位，这是因为与其他控制方式相比较，它更容易被纳入大规模的控制范围，从系统自身性能来看，它集中了电气控制与气压传动两个方面的共同优点。电控流体传动（包括电控气动和电控液压传动）系统，在自动化领域中将越来越占有更重要的位置。

5.2.1　电气气动程序设计方法

控制回路的逻辑设计方法，为电气气动系统的设计提供了设计依据。在设计电气气动程序控制系统时，应将电气控制回路和气动动力回路分开画，两个图上的文字符号应一致，以便对照。电气控制回路的设计方法有多种，本章介绍经验法和步进法。

（1）电气气动程序符号规定　如图 5-28 所示。输入信号，如按钮开关和传感器用小写字母表示，a0、a1 为首末端信号。执行元件用大写 A、B 等表示。执行信号（输出），如电磁线圈用

Y 表示，控制 A1 的线圈用 YA1* 表示，控制 A0 的线圈用 YA0* 表示。

（2）位移步骤图　如图 5-29 所示。各种触点、按钮、行程开关：0 表示 SB1 未被触动状态，1 表示已被触动状态。继电器线圈：0 表示断电状态，1 表示得电状态。气缸：0-0、1-1 表示气缸静止不动，0-1 表示气缸从静止的原位逐渐伸出到某一定位，1-0 表示气缸从某一定位逐渐退回到原位状态。气缸一个动作完成必定会压下一个行程开关，能产生特定的行程开关信号，以此控制下一个动作。

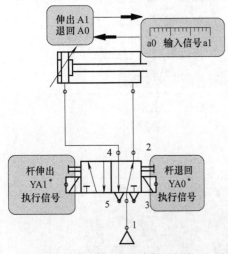

图 5-28　电气气动程序符号规定

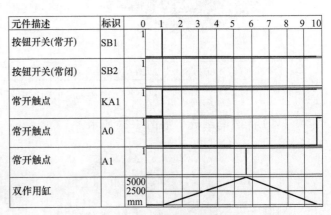

图 5-29　位移步骤图

5.2.2　经验法设计电气控制回路

（1）经验法设计电气控制原理图的特点、步骤及主控阀的类型

用经验法设计电气控制原理图即应用气动的基本控制方法和自身的经验来设计。经验设计法的特点、步骤及主控阀类型见表 5-8。

表 5-8　经验设计法的特点、步骤及主控阀类型

经验法优点	适用于较简单的回路设计，可凭借设计者本身积累的经验，快速地设计出控制回路
经验法缺点	设计方法较主观，对于较复杂的控制回路不宜采用
经验法步骤	首先设计好气动动力回路
	确定好与电气回路图有关的主要技术参数
	设计电气控制回路原理图
常用主控阀	单电控二位三通换向阀
	单电控二位五通换向阀
	双电控二位五通换向阀
	双电控三位五通换向阀

（2）经验法设计电气控制原理图的原则　在用经验法设计电气控制原理图时，必须考虑表 5-9 中所列各项。

表 5-9　经验法设计原则

设计考虑要求	设计原则	控制形式	典型元件
分清电磁换向阀的结构差异	按电磁阀结构不同	脉冲控制（有记忆功能，不需要自保持）	双电控二位五通换向阀
			双电控三位五通换向阀
		保持控制（用继电器实现中间记忆，阀由弹簧复位）	单电控二位三通换向阀
			单电控二位五通换向阀

设计考虑要求	设计原则	控制形式	典型元件
注意动作模式	气缸动作过程	单个自动控制	按钮开关操作前进
			行程开关或按钮开关控制回程
		连续自动控制	按钮开关控制电源的通、断电
			在控制电路上比单个循环多加一个信号传送元件（如行程开关），使气缸完成一次循环后能再次动作
行程开关（或按钮开关）是常开触点还是常闭触点的判别	气缸伸出	用二位五通或二位三通单电控电磁换向阀控制	控制电路上的行程开关（或按钮开关）以常开触点接线。这样，当行程开关（或按钮开关）动作时，才能把信号传送给使气缸前进的电磁线圈
	气缸后退		必须使通电的电磁线圈断电，电磁阀复位，在控制电路上必须以常闭触点形式接线，这样，当行程开关（或按钮开关）动作时，电磁阀复位，气缸后退

（3）经验法设计典型回路

① 用二位五通单电控电磁换向阀控制单气缸单循环系统

a. 气动主系统动作步骤如图 5-30 所示。

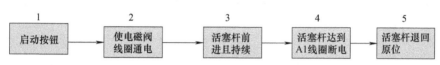

图 5-30　自动单循环动作步骤

b. 气动主系统原理图中选用二位五通单电控电磁换向阀，执行元件选用双作用气缸，如图 5-31（a）所示。电气控制系统原理图如图 5-31（b）所示。位移步骤图如图 5-31（c）所示。

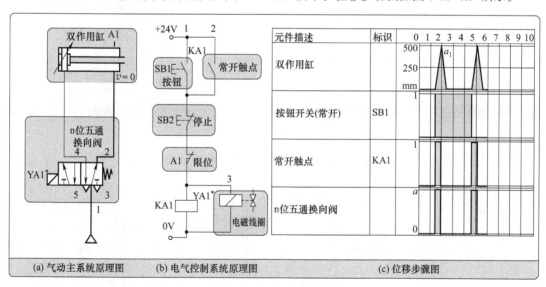

（a）气动主系统原理图	（b）电气控制系统原理图	（c）位移步骤图

图 5-31　自动单循环原理

c. 系统原理说明　见表 5-10。

表 5-10　系统原理说明

动作顺序	原理说明
静态位置	5/2 单电控阀弹簧复位，活塞杆在退回位置
活塞杆伸出	如图 5-31(b)所示，启动按钮开关 SB1，线圈 YA1* 得电，电磁阀换向，活塞前进，完成图 5-30 中步骤 1,2 的要求，如图 5-31(b)中 1,3 号控制线路

动作顺序	原 理 说 明
自保持	SB1 为点动按钮，输出信号为短信号，释放 SB1，电磁阀线圈 YA1* 就会断电，活塞后退。为使活塞保持前进状态，必须将继电器 KA1 所控制的常开触点接于 2 号线上，形成一自保持电路，完成图 5-30(b)中步骤 3 的要求，如图 5-31(b)中 2 号控制线路
活塞杆退回	将行程开关 A1 的常闭触点接于 1 号线上，当活塞杆压下 A1 时，切断自保持电路，电磁阀线圈 YA1* 断电，电磁阀复位，活塞退回，完成图 5-30 中步骤 4,5 的要求，如图 5-31(b)中 1 号控制线路
停止	按下停止按钮 SB2，活塞杆退回到原点（靠弹簧复位）

② 用二位五通单电控电磁换向阀控制单气缸自动连续循环回路

a. 气动主系统动作步骤如图 5-32 所示。

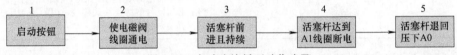

图 5-32 自动连续循环动作步骤

b. 气动主系统原理图中选用二位五通单电控电磁换向阀，执行元件选用双作用气缸，完成自动连续循环，如图 5-33（a）所示，再次循环时间不可调整。电气控制系统原理图如图 5-33（b）所示。位移步骤图如图 5-33（c）所示。

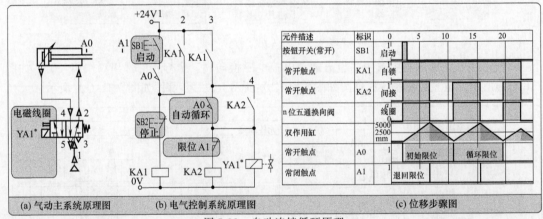

图 5-33 自动连续循环原理

c. 延时自动循环原理图如图 5-34 所示，自动循环时间可以任意调节和控制。

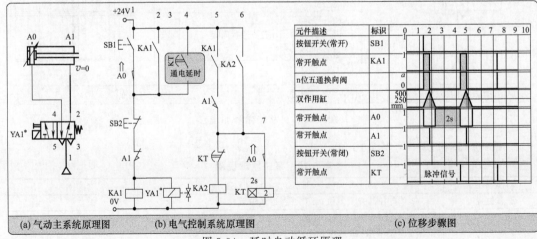

图 5-34 延时自动循环原理

图解电气气动技术基础

d. 系统原理说明见表 5-11。

表 5-11　系统原理说明

动作顺序	原　理　说　明
静态位置	5/2 单电控阀弹簧复位,活塞杆在退回位置
活塞杆伸出	启动按钮 SB1 及继电器 KA1 置于 1 号控制线上,继电器的常开触点 KA1 置于 2 号控制线上,并与 SB1 并联和 1 号控制线形成自保持电路。在火线上加继电器 KA1 的常开触点。当 SB1 被按下时,继电器 KA1 线圈所控制的常开触点 KA1 闭合,3、4 号控制线上才接通电源,活塞杆伸出
活塞杆退回	将行程开关 A1 的常闭触点接于 3 号线上,当活塞杆压下 A1 时,切断 3 号线路,KA2 电磁阀失电,线圈 YA1* 断电,电磁阀复位,活塞退回
再次循环	必须多加一个行程开关,使活塞杆退回压到 A0 后再次使电磁阀通电。为完成这一功能,A0 以常开触点形式接于 3 号线上,系统在未启动之前活塞杆压在 A0 上,故 A0 的起始位置是接通的
延时可调自动循环	再次循环启动采用通电延时继电器常开触点,启动时间可调,如图 5-34 所示

③ 用二位五通双电控电磁换向阀控制单气缸自动单循环回路

a. 气动系统动作步骤如图 5-35 所示。

图 5-35　自动单循环动作步骤

b. 气动主系统原理图中选用二位五通双电控电磁换向阀,执行元件选用双作用气缸,完成自动单循环,如图 5-36 所示。

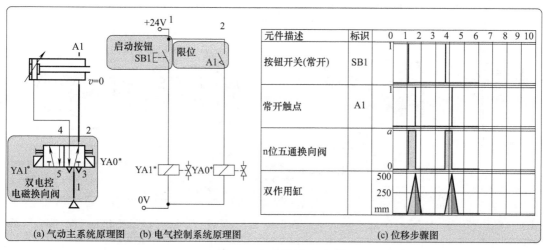

(a) 气动主系统原理图	(b) 电气控制系统原理图	(c) 位移步骤图

图 5-36　自动单循环原理

c. 系统原理说明见表 5-12。

表 5-12　系统原理说明

动作顺序	原　理　说　明
静态位置	5/2 双电控阀右位手动复位,活塞杆在退回位置
活塞杆伸出	启动按钮 SB1 和电磁阀线圈 YA1* 置于 1 号控制线上。当按下 SB1 后立即放开时,线圈 YA1* 通电,电磁阀换向,活塞前进,达到图 5-35 中步骤 1、2 和 3 的要求
活塞杆退回	将行程开关 A1 以常开触点的形式和线圈 YA0* 置于 2 号控制线上。当活塞前进时,压下 A1,YA0* 通电,电磁阀复位,活塞后退,完成图 5-35 中步骤 4 和 5 的要求

④ 用二位五通双电控电磁换向阀控制单气缸自动连续循环回路

a. 气动系统动作步骤如图 5-37 所示。

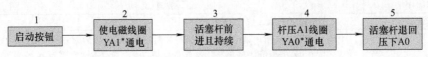

图 5-37　自动连续循环动作步骤

b. 气动主系统原理图中选用二位五通双电控电磁换向阀，执行元件选用双作用气缸，完成自动连续往复循环，如图 5-38 所示，往复时间不可调。

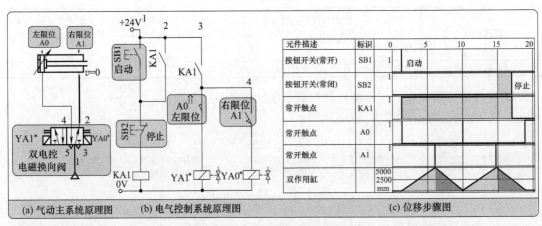

图 5-38　自动连续循环原理

c. 延时自动循环原理图如图 5-39 所示，再次往复时间可调控。

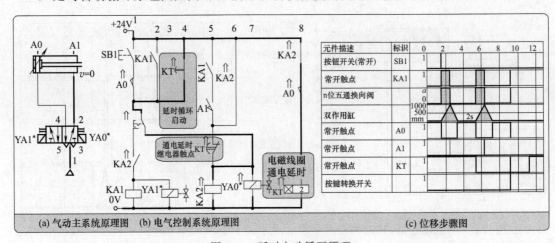

图 5-39　延时自动循环原理

d. 系统原理说明见表 5-13。

表 5-13　系统原理说明

动作顺序	原理说明
静态位置	在未启动时,活塞在起始位置,活塞杆压下 A0 ；5/2 双电控阀右位手动复位,活塞杆在退回位置
活塞杆伸出	电磁铁线圈 YA1* 置于 3 号控制线上。当按下 SB1 时,线圈 YA1* 通电,电磁阀换向,活塞前进,完成如图 5-37 所示步骤 1、2 和 3 的要求

动作顺序	原理说明
活塞杆退回	行程开关 A1 以常开触点的形式和电磁铁线圈 YA0* 接于 4 号线上。当活塞杆前进压下 A1 时，线圈 YA0* 通电，电磁阀复位，气缸活塞后退，完成如图 5-37 所示步骤 4 的要求
自动循环	到下一次循环，必须在电路上加一个起始行程开关 A0，使活塞杆后退，压下 A0 时，将信号传给线圈 YA1*，使 YA1* 再次通电。为完成此项工作，A0 以常开触点的形式接于 3 号控制线上
延时自动循环	延时循环需要在退回完成后压下行程开关 A0 后延时重新循环，如图 5-39 所示

⑤ 用三位五通双电控电磁换向阀控制单气缸自动连续循环回路

a. 气动系统动作步骤如图 5-40 所示，必须考虑电磁线圈自保持功能。

图 5-40　自动单循环动作步骤

b. 气动主系统原理图中选用三位五通双电控电磁换向阀，执行元件选用双作用气缸，完成自动单往复循环，如图 5-41 所示。

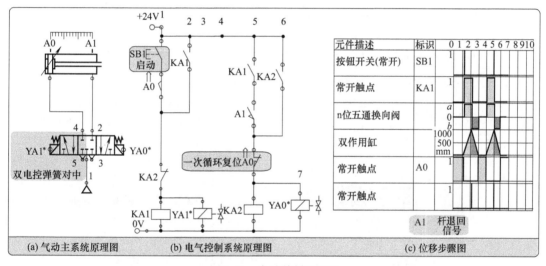

图 5-41　自动单循环原理

c. 系统原理说明见表 5-14。

表 5-14　系统原理说明

动作顺序	原理说明
静态位置	在未启动时，活塞在起始位置，活塞杆压下 A0 ；5/3 双电控阀弹簧对中，活塞杆在退回位置
活塞杆伸出	电磁铁线圈 YA1* 置于 3 号控制线上。当按下 SB1 时，线圈 YA1* 通电，电磁阀换向，活塞前进
活塞杆退回	行程开关 A1 以常开触点的形式和继电器线圈 KA2 接于 5 号控制线上。当活塞杆前进压下 A1 时，KA2 线圈得电，电磁线圈 YA0* 通电，电磁阀左位接通，气缸活塞后退

5.2.3　逻辑法设计电气控制回路

对于复杂的电气回路用上述经验法设计容易出错。采用逻辑法设计电气控制回路可以提高设计回路原理图的正确率，缩短设计周期。

采用逻辑法设计控制电路的优点是适用于较复杂的回路设计，是一种有规则可循的方法。此方法运用，减少了对设计技巧和经验的依赖。逻辑法的缺点是不保证用最少的继电器和其他电气元件。单缸电气气动程序回路采用电磁铁动作顺序表法；多缸电气气动程序回路采用步进设计法。常用主控阀为单电控二位三通换向阀、单电控二位五通换向阀、双电控二位五通换向阀、双电控三位五通换向阀。

单缸电气气动程序设计流程如图 5-42 所示。多缸电气气动程序设计流程如图 5-43 所示。

图 5-42　单缸电气气动程序设计流程

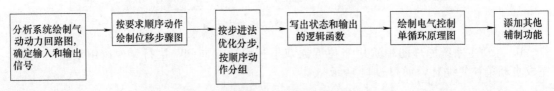

图 5-43　多缸电气气动程序设计流程

5.2.4　单缸缓冲回路电气气动程序设计

（1）设计缓冲回路并按工作要求调整系统回路中元件参数

① 绘制气动主系统原理图　如图 5-44 所示。系统初始位置：双电控电磁换向阀中位，气缸活塞杆在退回位置，活塞未动作，限位开关 A0 压下。电磁阀 YA1* 得电，气缸活塞杆伸出；达到限位开关 A1-1 时，接近气缸终点，改变速度（增加阻尼），到达运动终点缓冲；达到限位开关 A1 时，气缸活塞杆退回到原点并压下限位开关 A0。节流阀调整参数，开度为 50%（增加阻尼），系统压力为 60bar（6MPa）。

② 列写电磁铁动作顺序表　如图 5-45 所示。

③ 写出工作状态逻辑函数表达式　各工作状态逻辑函数列写的原则与逻辑函数表达式见表 5-15。

④ 写出输出信号逻辑函数表达式　输出状态为执行信号，必须在得电的状态下才有输出，每一个执行信号对应一个输出动作；执行信号的组合能完成不同工作循环状态。缓冲回路的输出信号的逻辑函数表达式见表 5-16。

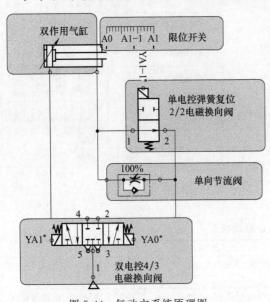

图 5-44　气动主系统原理图

⑤ 绘制电气控制线路图　如图 5-46 所示。

⑥ 绘制位移步骤图　如图 5-47 所示，按下 SB1，KA1 得电控制气缸快速伸出；达到限位开关 A1-1，KA2 置位，复位 KA1，系统开始调速缓冲；达到限位开关 A1，KA3 置位，

复位 KA2，系统开始快速退回，直到压下 A0，电气系统清零，完成一个完整的单一工作循环。

输出信号 启动Q	电磁铁 工作循环	YA1*	YA0*	YA1-1*	循环状态
a0	快进	+	−	−	KA1
a1-1	缓冲	+	−	+	KA2
a1	快退	−	+	−	KA3
a0	停止	−	−	−	

图 5-45　列写电磁铁动作顺序表

表 5-15　各工作状态逻辑函数列写的原则与逻辑函数表达式

逻辑代数法		应满足与（·）、或（＋）、非（$\overline{变量}$）、是（变量）、自锁（自保持逻辑）、互锁等逻辑关系
典型继电器逻辑回路		采用"启动-保持-停止"电路
置位-复位		保证任意时刻只有一种状态处于工作状态（置位），其他状态不处于工作状态（复位）
工作状态逻辑函数表达式	快速进给	$KA1=(Q·a0+KA1)·\overline{KA2}$
	缓冲进给	$KA2=(KA1·a1-1+KA2)·\overline{KA2}$
	快速退回	$KA3=(KA2·a1+KA3)·\overline{a0}$

表 5-16　执行信号（输出信号）的逻辑函数表达式

快速进给	$YA1^*=KA1+KA2$
缓冲进给	$YA0^*=KA3$
快速退回	$YA1-1^*=KA2$

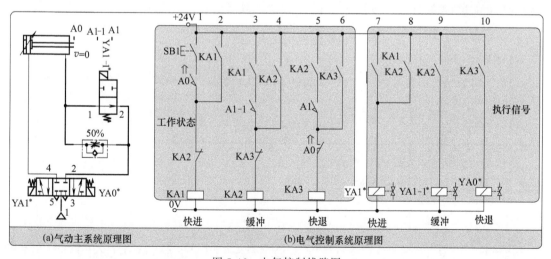

图 5-46　电气控制线路图

（2）补充功能控制回路原理图
① 无限次自动循环回路

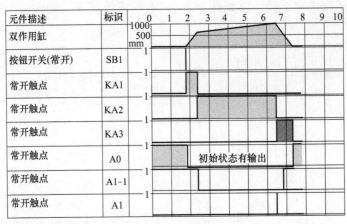

图 5-47　位移步骤图

a. 工作状态及执行信号逻辑函数表达式见表 5-17。

表 5-17　工作状态及执行信号逻辑函数表达式

	快速进给	$KA1 = (Q \cdot a0 + KA1 + KT) \cdot \overline{KA2}$
工作状态逻辑函数表达式	缓冲进给	$KA2 = (KA1 \cdot a1\text{-}1 + KA2) \cdot \overline{KA2}$
	快速退回	$KA3 = (KA2 \cdot a1 + KA3) \cdot \overline{KT}$
	停止延时循环	$KT = KA3 \cdot a0$
	快速进给	$YA1^* = KA1 + KA2$
执行信号逻辑函数表达式	缓冲进给	$YA0^* = KA3$
	快速退回	$YA1\text{-}1^* = KA2$
	停止延时(再循环)	输出无添加

b. 电气控制原理图，完成无限次循环，再次启动时间可调，如图 5-48 所示，采用通电延时继电器控制再次启动循环时间。

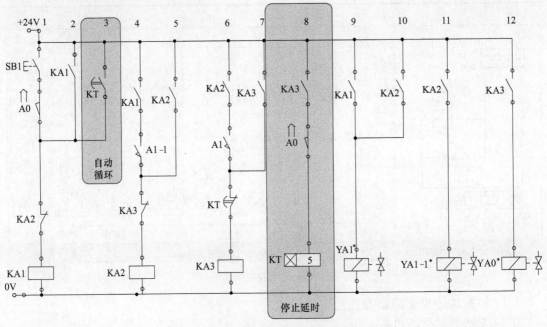

图 5-48　无限次自动循环电气控制原理图

② 有限次自动循环回路 电气控制原理图如图 5-49 所示，采用计数器记录次数，循环次数满足了，用自复位的控制原理。

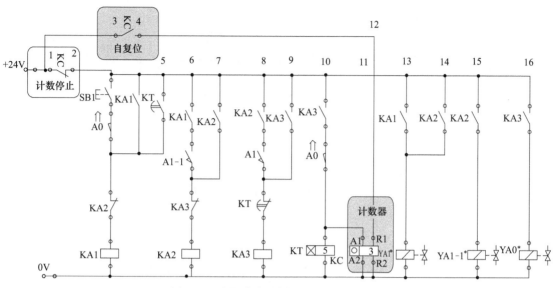

图 5-49 有限次自动循环电气控制原理图

（3）辅助功能控制回路原理图

① 自动和手动电气控制原理图 如图 5-50 所示，系统调整时，常用手动操作进行，所以完成的电气气动系统应添加手动自动转换控制线路。

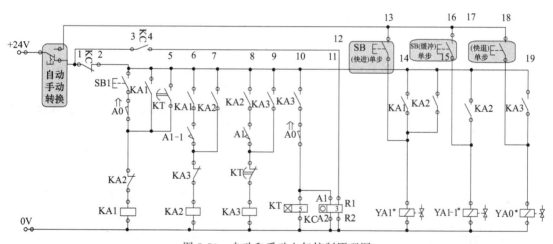

图 5-50 自动和手动电气控制原理图

② 急停、复位、单循环-多循环、自动-手动电气控制原理图 如图 5-51 所示。采用中间辅助继电器 KA0 完成急停、急停复位状态信号的记忆并在 2 号线路上串接一个 KA0 的常闭触点，控制整个缓冲回路的各个工作状态；在 22 号控制线路上串接 KA0 的常开触点，当系统急停开关按下时，让气动系统回原位。

5.2.5 单缸调速回路电气气动程序设计

（1）绘制工作循环要求 如图 5-52 所示。

（2）绘制气动主系统原理图 如图 5-53 所示，系统初始位置，主控阀弹簧对中，气缸

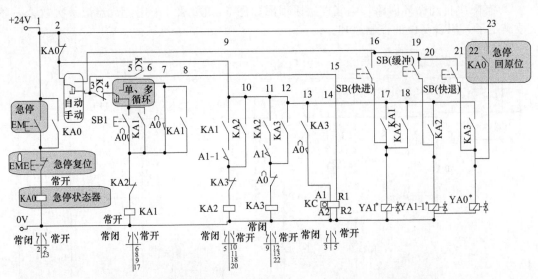

图 5-51　急停、复位、单循环-多循环、自动-手动电气控制原理图

在退回位置，活塞未动作，A0 被压下。快进，YA1* 和 YA1-1* 得电。一工进，YA1* 得电。二工进，YA1* 和 YA1-2* 得电。快退，YA0* 和 YA1-1* 得电。

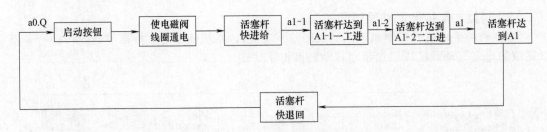

图 5-52　调速回路工作循环

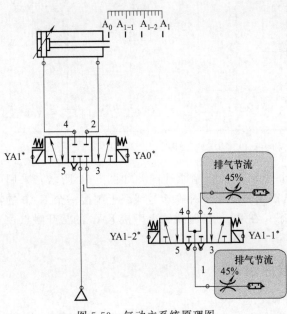

图 5-53　气动主系统原理图

（3）列写电磁铁动作顺序表　如图 5-54 所示。

（4）写出各状态逻辑函数表达式

$KA1=(Q \cdot a0+KA1) \cdot \overline{KA2}$；$KA2=(KA1 \cdot a1\text{-}1+KA2) \cdot \overline{KA3}$；$KA3=(KA2 \cdot a1\text{-}2+KA3) \cdot \overline{KA4}$；$KA4=(KA3 \cdot A1+KA4) \cdot \overline{a0}$。

（5）写出执行信号（输出信号）逻辑函数表达式　$YA1^*=KA1+KA2+KA3$；$YA0^*=KA4$；$YA1\text{-}1^*=KA1+KA4$；$YA1\text{-}2^*=KA3$。

（6）绘制单循环电气控制原理图如图 5-55 所示。

（7）位移步骤图及元器件作用如图 5-56 所示。

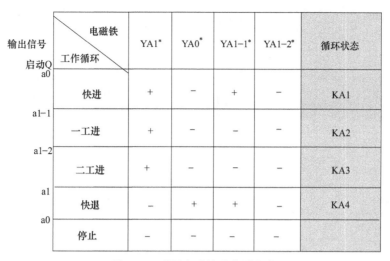

输出信号 启动Q	电磁铁 工作循环	YA1*	YA0*	YA1-1*	YA1-2*	循环状态
a0	快进	+	−	+	−	KA1
a1-1	一工进	+	−	−	−	KA2
a1-2	二工进	+	−	−	−	KA3
a1	快退	−	+	+	−	KA4
a0	停止	−	−	−	−	

图 5-54　列写电磁铁动作顺序表

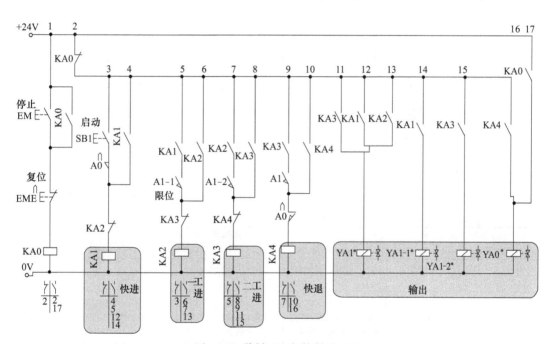

图 5-55　单循环电气控制原理图

5.2.6　多缸电气气动程序设计

多缸电气气动程序设计，为了优化电气控制回路，缩短设计周期，经常采用有章可循的步进法设计程序回路，步进法既适用于双电控电磁阀控制的电气回路，也适用于单电控电磁阀控制的电气回路。

（1）**步进法设计步骤**　见表 5-18。

（2）**步进法设计双电控电磁阀电气气动系统分步原则**　步进法设计电气气动系统，按气缸的动作顺序分步骤后，在任意时刻，只有其中某一步有动作状态，如此可避免双电控电磁阀因误动作而导致通电（表 5-19）。

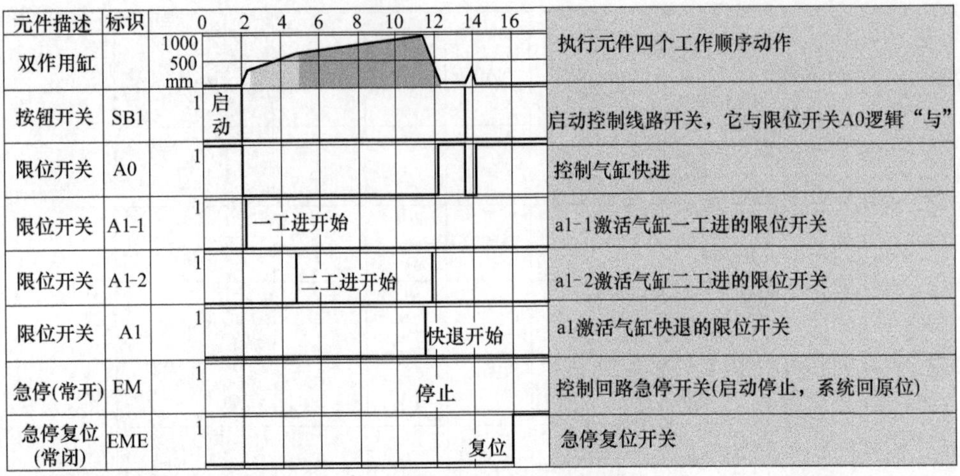

元件描述	标识	0 2 4 6 8 10 12 14 16	
双作用缸		1000 500 mm	执行元件四个工作顺序动作
按钮开关	SB1	1 启动	启动控制线路开关,它与限位开关A0逻辑"与"
限位开关	A0	1	控制气缸快进
限位开关	A1-1	1 一工进开始	a1-1激活气缸一工进的限位开关
限位开关	A1-2	1 二工进开始	a1-2激活气缸二工进的限位开关
限位开关	A1	1 快退开始	a1激活气缸快退的限位开关
急停(常开)	EM	1 停止	控制回路急停开关(启动停止,系统回原位)
急停复位(常闭)	EME	1 复位	急停复位开关

图 5-56　位移步骤图及元器件作用

表 5-18　步进法设计步骤

步骤	具体要求	
绘制气动动力回路图	按照程序要求确定行程开关位置和数量,并确定使用双、单电控电磁阀	
	确定使用双电控电磁阀或单电控电磁阀等控制结构要求	
状态分步	按照分步个数选择状态器数量,并标识在图上	
	标识每个状态转换的行程开关	不同步的状态转换
		相同步数的不同节拍数的转换
列写逻辑函数表达式	按照状态的选择,写出每个状态的逻辑函数表达式	
	按动作顺序标写执行信号逻辑函数表达式	
绘制电气控制原理图	复杂程序绘制逻辑原理图	
	绘制单循环电气控制原理图	
	添加满足系统要求的辅助功能(急停、急停复位、自动循环、手动操作)	

表 5-19　分步原则

分步原则	具体表示方法与意义
每步内气缸的动作仅出现一次	同一步中气缸的英文字母代号不得重复出现
各步用一个继电器控制动作	在任意时间仅一步继电器处于动作状态
第一步继电器输出	$KA=[Q_{启动}\cdot$行程开关(常开)$_{最后动作}]+KA$,每组状态要自保持
第二步和后续步继电器输出	由前一组气缸最后触动的行程开关的常开触点串联前一组继电器的常开触点控制,并形成自保持,由此可避免行程开关被触动多次而产生错误的顺序动作,或是不按正常顺序触动行程开关而造成不良影响
各步转换条件	前一步状态完成后,用常开触点置位下一步状态,下一步激活后,用此步的常闭触点复位前一步状态
最后一步继电器输出	自保持回路状态由最后一个动作完成时所触动的行程开关的常闭触点复位
各步电磁线圈输出(YA*)	按照各气缸的顺序运动位置及所触动的行程开关来确定
多次线圈输出(YA*)	电磁线圈输出回路上必须串联该动作所属步别的继电器的常开触点(即YA*多次输出所在步的继电器常开触点并联再驱动电磁线圈),以避免逆向电流造成不正确的继电器或电磁线圈被励磁,不允许双线圈输出

5.2.7　多执行元件程序步进法设计

(1)设计双电控系统回路　双缸顺序动作为[A1,B1,B0,A0]。

① 绘制气动主系统原理图　如图 5-57 所示。

② 绘制位移步骤图、分步骤　如图 5-58 所示。两个气缸用四个限位开关;两个单独的

主控阀，进行逻辑运算完成顺序动作；主控阀用 4/3 双控电磁换向阀。分步的优点是可以优化继电器线圈的个数。两步状态：第一步 KA1 控制 A1、B1；第二步 KA2 控制 B0、A0。

③ 列写逻辑函数表达式　$KA1=(sb \cdot a0 + KA1) \cdot \overline{KA2}$；$KA2=(KA1 \cdot b1 + KA2) \cdot \overline{a0}$；$YA1^* = KA1$；$YA0^* = KA2$；$YB1^* = KA1 \cdot a1$；$YB0^* = KA2 \cdot a0$。

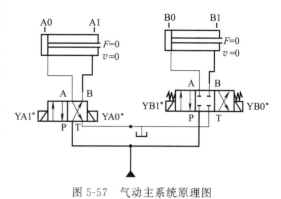

图 5-57　气动主系统原理图

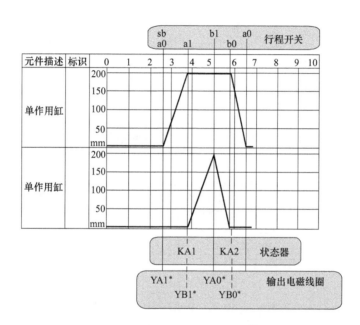

图 5-58　位移步骤图

④ 绘制电气控制原理图　如图 5-59 所示，第一步分两个节拍，KA1 输出两步动作 $YA1^*$、$YB1^*$；第二步分两个节拍，KA2 输出两步动作 $YB0^*$、$YA0^*$。

（2）设计单电控系统回路　单电控与双电控电磁阀相比，虽然结构简单，但没有记忆功能，因此在采用步进法设计时，需注意电磁阀线圈的再得电问题，即由于步进法要求当新的一步动作时，前一步的所有电磁阀线圈必须失电，所以对于输出动作延续到后续各步再动作的情况，必须在后续各步中重新得电，设计步骤与双电控电磁阀的控制回路相同。双缸顺序动作为 [A1，B1，B0，A0]。

① 绘制气动主系统原理图　如图 5-60 所示，两个气缸用四个限位开关；两个单独的主控阀，进行逻辑运算完成顺序动作；主控阀用 5/2 单电控电磁换向阀。

② 绘制位移步骤图、分步骤　如图 5-61 所示。分步的优点是可以优化继电器线圈的个数。

a. 分析气缸顺序动作并按步进法分步。确定每个动作所触动的行程开关。

b. 为了表示电磁阀线圈的动作延续到后续各步中，在动作顺序的下方作出水平箭头来说明线圈的输出动作必须维持至该点。如 $YA1^*$ 通电必须维持到 B 缸后退行程完成且压下行

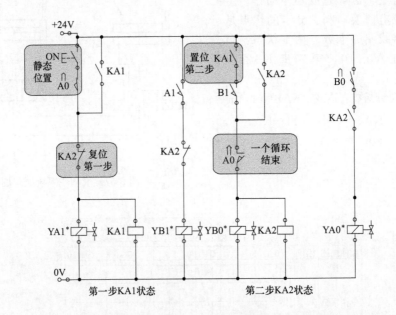

图 5-59　电气控制原理图

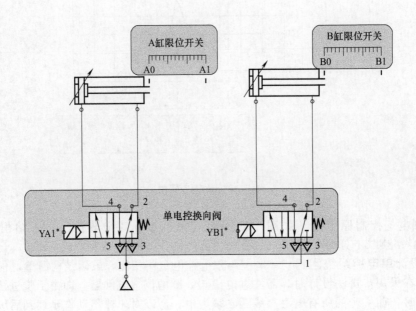

图 5-60　气动主系统原理图

程开关 B0，此时 YA1* 才能断电。

　　c. 两步状态：第一步 KA1 控制 A1、B1；第二步 KA2 控制 B0、A0。

　　③ 列写逻辑式　$KA1=(sb \cdot a0+KA1) \cdot \overline{KA2}$；$KA2=(KA1 \cdot b1+KA2) \cdot \overline{b0}$；$YA1^*=(KA1+KA2)$；$YB1^*=KA1 \cdot a1$。

　　④ 绘制电气控制原理图　如图 5-62 所示，控制继电器线圈回路集中于电路图的左方，将电磁阀线圈输出控制回路置于电路图右方。

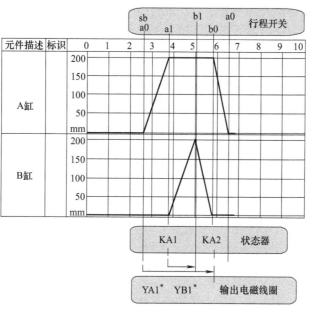

图 5-61　位移步骤图

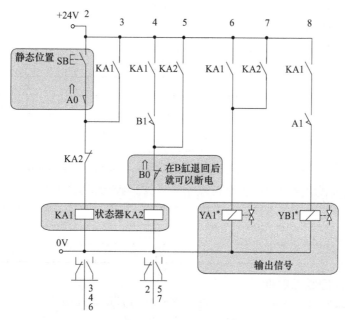

图 5-62　电气控制原理图

5.3　电气气动行程程序系统设计应用实例

5.3.1　经验法设计连续往复运动系统

（1）任务要求

① 设计颜料桶振动机电气气动系统，示意图如图 5-63 所示。

② 当各种液体颜料倒入颜料桶中，要用振动机将它们进行拌合。

③ 按下按钮开关，伸出的气缸的活塞杆退回到尾端位置，并在尾端某一行程内做往复运动。

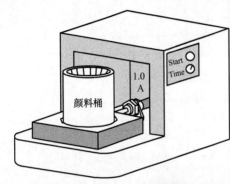

图 5-63　颜料桶振动机示意图

④ 振动的行程范围用处于尾端和处于中部的行程开关——滚轮杆行程阀限位。振动频率的调节是通过颜料调节阀控制供气量来实现的。工作压力为 4bar（400kPa）。

⑤ 当特定的时间间隔达到后，振动停止，双作用气缸的活塞杆完全伸出，达到前端位置，并按下前端的滚轮杆行程阀，设定的振动时间为 10s。

（2）学习目的

① 熟悉双作用气缸的间接启动回路。

② 学会在活塞杆行程中部使用电控行程开关。

③ 掌握自动连续往复运动系统电气控制原理。

④ 掌握记忆阀脉冲输入信号的设置。

⑤ 学习电磁铁动作顺序法设计电气气动系统的方法。

（3）设计与构建回路条件

① FluidSIM-P 气动仿真软件。

② FESTO 气动培训设备 TP100。

③ 构建回路所需元件见表 5-20。

表 5-20　元件表

元件名称	功能	位置	数量
调整装置			
3/2 手动滑阀的多路接口器			
3/2 换向阀			
5/2 气控双稳记忆阀			
3/2 滚轮杆行程阀			
3/2 阀（按键手控开关）			
延时阀			
双作用气缸			
压力调节阀			

（4）参考设计回路原理图

① 纯气动控制回路原理图　参考 3.7.3 中的气动回路原理图。

② 电气气动控制回路原理图　气动主系统原理图如图 5-64（a）所示，电气控制系统原理图如图 5-64（b）所示。采用电气气动控制系统，简化了气动主系统原理图，增加了电气控制回路。

（5）调试步骤、阐述气动回路原理图　参考 3.7.3 中的内容。

① 初始位置：气缸活塞杆伸出，A1 被压下，有输出信号。

② 当启动开关时，状态器 KA1 输出，执行信号 $YA0^*$ 输出，气缸活塞杆退回到 A0。

③ 气缸达到 A0 时，状态器 KA3 被激活，执行信号 $YA1^*$ 输出，气缸活塞杆伸出到 A1-1。

④ 气缸达到 A1-1 时，状态器 KA1 被激活，执行信号 $YA0^*$ 输出，气缸活塞杆退回。

⑤ 如此往复，直到时间到时间继电器设定时间。KT1 对应常闭触点动作，KA1 线圈断

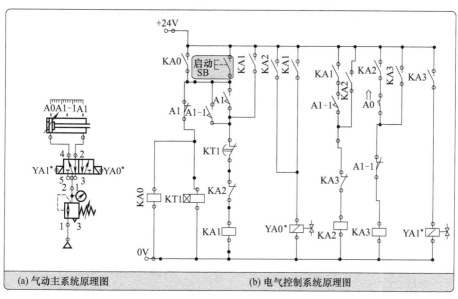

(a) 气动主系统原理图　　　　　(b) 电气控制系统原理图

图 5-64　颜料桶振动电气气动控制回路原理图

电，执行信号 $YA0^*$ 无输出，气缸伸出到初始位置（气缸活塞杆在最前端），完成振动。

⑥ 振动频率通过调压阀调节。

（6）扩展练习　用电磁铁动作顺序表逻辑设计法设计此系统回路原理图。

（7）结论　完成符合上述要求的文件。

5.3.2　步进法设计双电控多缸时序系统

（1）动作要求　［A1，B1，B0，A0］。

（2）绘制电气主系统原理图　如图 5-65（a）所示，标识各种输入和输出元件符号。

（3）绘制位移步骤图、分步序、确定状态器数量　从略（自行完成）。

（4）列写状态器和输出线圈的逻辑函数式　从略（自行完成）。

（5）绘制电气控制系统原理图　如图 5-65（b）所示。

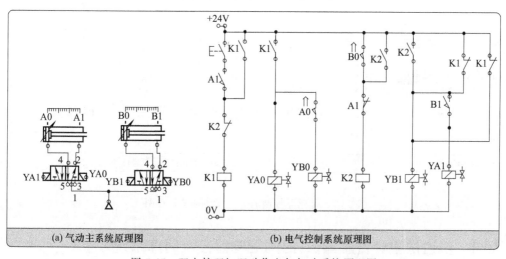

(a) 气动主系统原理图　　　　　(b) 电气控制系统原理图

图 5-65　双电控双缸双动作电气气动系统原理图

5.3.3　步进法设计单电控电磁阀多缸电气气动系统

（1）动作要求　　［A1，B1，A0，B0］。

（2）绘制气动主系统原理图　如图 5-66（a）所示，标识各种输入和输出元件符号。

（3）绘制位移步骤图、分步序、确定状态器数量　从略（自行完成）。

（4）列写状态器和输出线圈的逻辑函数式　从略（自行完成）。

（5）绘制电气控制系统原理图　如图 5-66（b）所示。

（6）结论　完成满足上述要求的文件。

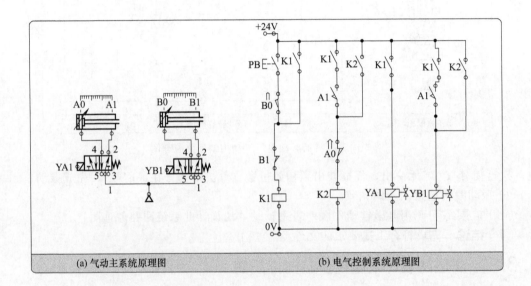

（a）气动主系统原理图　　　　　　　（b）电气控制系统原理图

图 5-66　单电控电气气动系统原理图

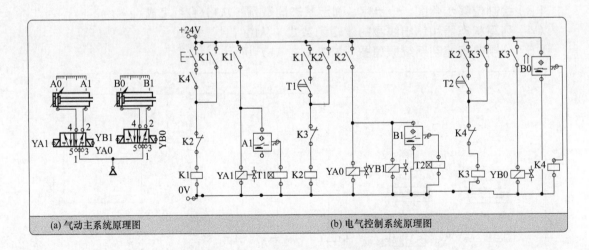

（a）气动主系统原理图　　　　　　　（b）电气控制系统原理图

图 5-67　传感器控制的电气气动系统原理图

5.3.4　步进法设计传感器、时间继电器控制时序系统

（1）动作要求　　［A1，T1，B1，A0，T2，B0（贴近开关）］。

（2）绘制气动主系统原理图　如图 5-67（a）所示，标识各种输入和输出元件符号。

（3）绘制位移步骤图、分步序、确定状态器数量　从略（自行完成）。

（4）列写状态器和输出线圈的逻辑函数式　从略（自行完成）。

（5）绘制电气控制原理图　如图 5-67（b）所示。

（6）结论　完成满足上述要求的文件。

附　录

附表 1　气动回路设计、组建评分表

单位：　　　　　　姓名：　　　　　　工位号：　　　　　　成绩：

序号	项目与技术要求	配分	评分标准	自评记录	小组记录	教师评阅记录	得分
1	系统设计	20	方案合理,简单有效				
2	回路仿真与调试	10	仿真软件使用正确,回路调试合理				
3	元件的选用	10	元件选用合适				
4	操作规范性	10	爱护工具,操作规范,工具摆放整齐				
5	回路搭建	20	回路图正确,回路搭建正确				
6	系统调试	10	系统调试步骤正确,结果有效				
7	实践报告	20	报告内容完整,分析合理				

任务实施过程小组及反馈：

教师点评：

附表2 电气气动回路设计、组建评分表

单位： 姓名： 工位号： 成绩：

序号	项目与技术要求	配分	评分标准	自评记录	小组记录	教师评阅记录	得分
1	气动主系统设计	10	方案合理,简单有效				
2	电气控制系统设计	10	逻辑合理,设计过程正确				
	回路仿真与调试	10	仿真软件使用正确,回路调试合理				
3	元件的选用	10	元件选用合适				
4	操作规范性	10	爱护工具,操作规范,工具摆放整齐				
5	电气气动回路搭建	10	气动回路图正确,回路搭建正确				
		10	电气控制原理图正确,组接正确				
6	系统调试	10	系统调试步骤正确,结果有效				
7	实践报告	20	报告内容完整,分析合理				

任务实施过程小组及反馈：

教师点评：

参 考 文 献

[1] 刘德新. 液压气动手册. 第 2 版 [M]. 北京：机械工业出版社，2004.

[2] 徐福玲，陈尧明. 液压与气压传动. 第 3 版 [M]. 北京：机械工业出版社，2007.

[3] 冈本裕生. 图解继电器与可编程控制器 [M]. 北京：科学出版社，2007.

[4] 李新德. 气动元件与系统 [M]. 北京：中国电力出版社，2015.

[5] 朱梅，朱光力. 液压与气动技术 [M]. 西安：西安电子科技大学出版社，2013.

[6] 左健民. 液压与气压传动 [M]. 北京：机械工业出版社，2007.

[7] 闫利文，蒲文禹等. 液压与气压技术 [M]. 北京：国防工业出版社，2011.

[8] 杨务滋等. 图解液压与气压技术英语 [M]. 北京：化学工业出版社，2012.

[9] 徐灏. 机械设计手册. 第 5 卷 [M]. 北京：机械工业出版社，1992.